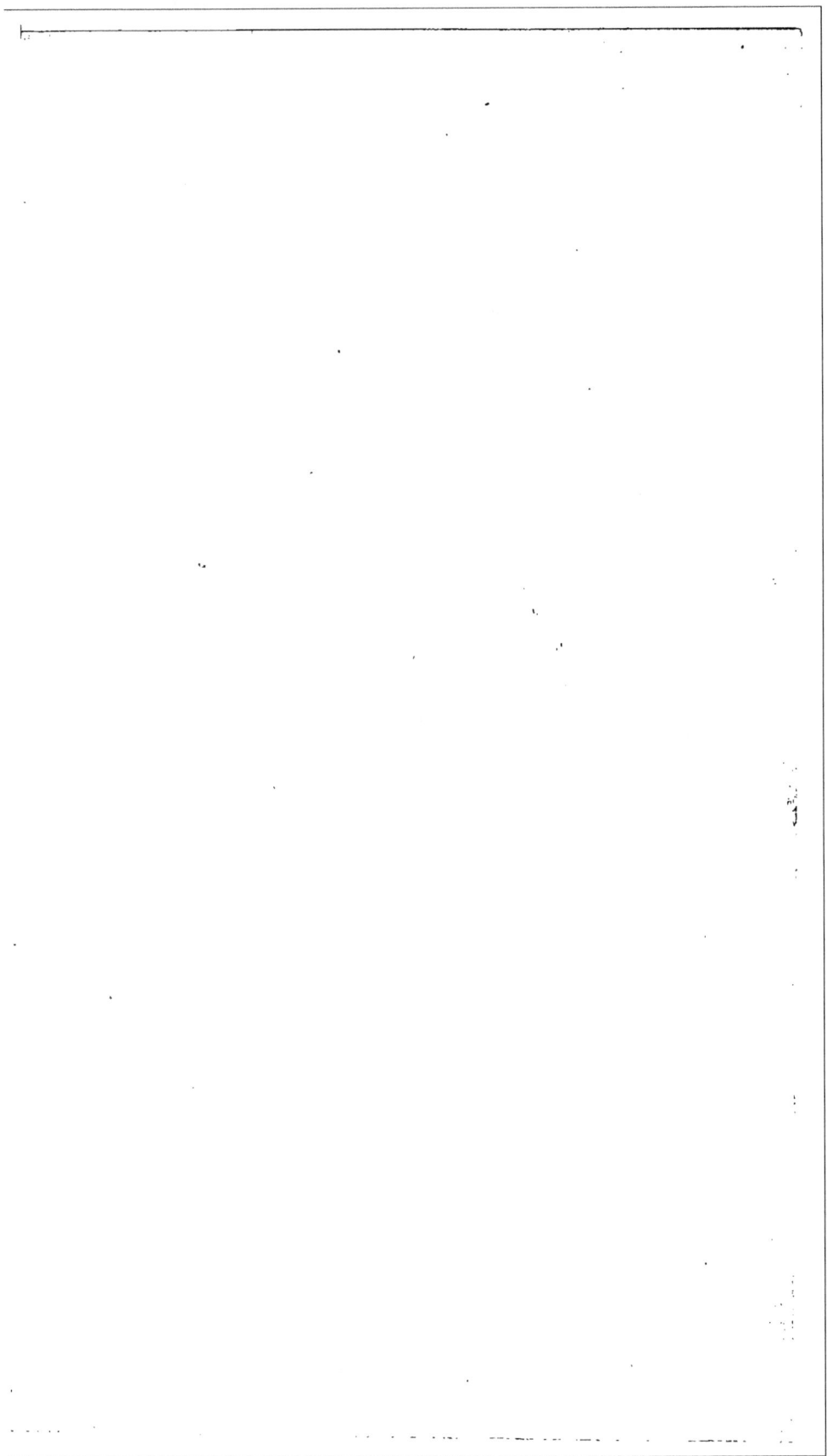

S

N° 89

L'ART D'ÉLEVER

LES

VERS-A-SOIE.

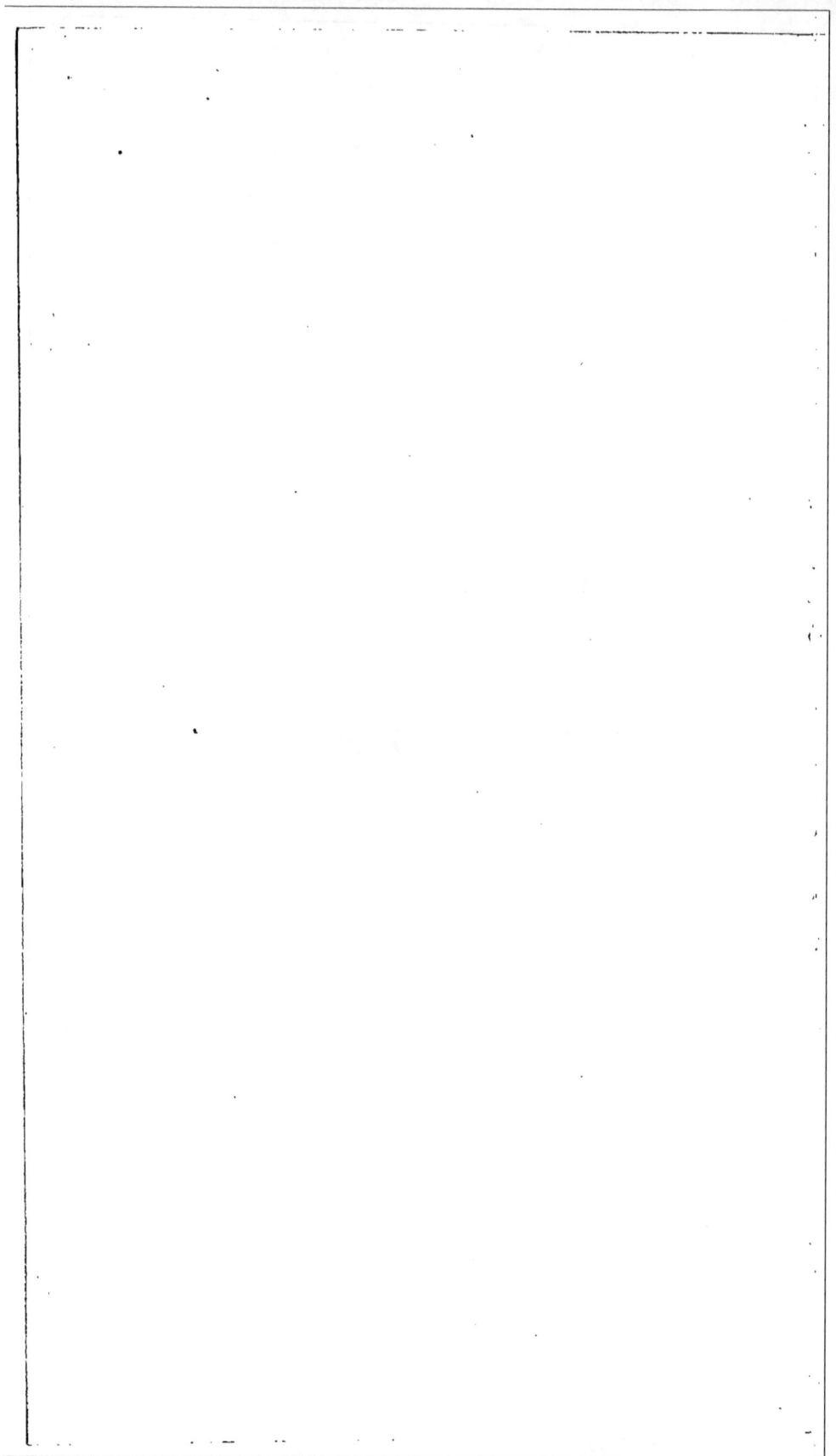

L'ART D'ÉLEVER

LES

VERS-A-SOIE

Par GOURDON, de Nages,

ÉPURATEUR DE GRAINE.

NIMES.

DE L'IMPRIMERIE BALLIVET ET FABRE,
RUE DE L'HÔTEL—DE—VILLE, 11.

—

1852.

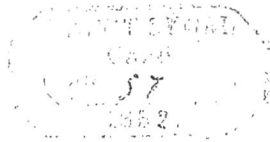

PRÉFACE.

Oser écrire sur l'éducation des vers-à-soie après quelques années d'observations, paraîtra peut-être de la témérité ; surtout si l'on considère que cette industrie compte près de cinq mille ans, chez les peuples où elle a pris naissance, et que treize siècles se sont écoulés depuis son introduction en Europe, au sein de nations civilisées, actives et industrieuses.

Que d'expériences ! que de systèmes ! que d'écrits durant ces longues années !.... et cependant, disons-le avec douleur, que peu d'améliorations ! que peu de progrès !

Je le confesse : c'est un jeune éducateur qui se permet de vouloir pousser cet art vers des régions plus élevées, autant enthousiaste de son sujet que fier de prendre une faible part à l'amélioration du bien-être de ses concitoyens. Inspiré dans cette mission par je ne sais quoi, par une espèce d'intuition, si j'ose m'exprimer ainsi, une seule observation a suffi pour l'entraîner subitement et donner l'essor à ses idées.

A ma première récolte, cent cinquante-six cocons pesèrent quatre cent quatorze grammes (une livre petit poids), et comme je savais que trente-neuf mille œufs pesaient vingt-six grammes (une once), je me posai naturellement cette question :

Si tous les œufs étaient bons ; que chacun fît son ver, chaque ver son cocon, et si cent cinquante-six cocons pesaient généralement quatre cent quatorze grammes, quel serait le poids de trente-neuf mille cocons, qui représentent vingt-six grammes de graine ?

Réponse : cent trois kilogrammes et demi.

Ce produit me fit mûrement réfléchir; je dis plus, il me fit rougir de honte. Comment se fait-il, me disais-je, que dans les Cévennes où cette industrie est connue depuis si longtemps, où doivent se trouver nécessairement des magnaniers habiles et expérimentés, l'on n'obtienne communément que vingt-cinq à trente kilogrammes de cocons par vingt-six grammes de graine! Comment se fait-il que l'on ait le moyen d'amener à bien le tiers des insectes provenant de la graine mise à l'incubation, lorsque les deux tiers disparaissent sans savoir pourquoi ni comment?...

Voilà la question que je me suis posée dans le principe, l'énigme que j'ai cherché à deviner, persuadé qu'il devait se trouver un vice grave dans les usages pratiqués jusqu'à ce jour.

Imbu de cette idée, encouragé par une forte conviction, après bien d'expériences, des peines et des veilles, j'ai marché d'un pas ferme, et je suis arrivé au but que je m'étais proposé.

Avant de m'occuper sérieusement de la manière d'élever les vers-à-soie, je crus devoir prendre connaissance des auteurs qui ont écrit sur cette matière, persuadé que dans un ouvrage, quel qu'il soit, il s'y rencontre toujours des choses intéressantes et utiles pour l'homme qui veut s'instruire.

J'observai dès l'abord que cet art rentrait exclusivement dans le domaine de l'économie rurale; qu'une pratique éclairée pouvait seule l'écrire et l'enseigner ; mais qu'il était impossible au théoricien le plus savant d'en jeter les bases , d'en arrêter les principes du fond de son cabinet.

J'ai reconnu généralement chez les auteurs des systèmes souvent hasardés, soit par le désir de produire quelque chose de neuf, soit pour vouloir briller par le style. Aussi se trouvent-ils le plus souvent en contradiction , par la raison qu'ils se laissent aller à leur imagination sans soumettre préalablement leurs idées à une application pratique qui seule pourrait décider de leur efficacité.

J'ai reconnu encore chez eux beaucoup trop de longueur dans les exposés , des dissertations futiles, inutiles, tout-à-fait en dehors de la question, des complications dans les procédés si confuses, qu'il est impossible souvent de s'y reconnaître, non pas seulement au modeste cultivateur , mais même à un éducateur expérimenté et instruit. Aussi arrive-t-il que ces méthodes beaucoup trop volumineuses agissent en sens inverse du but que l'on s'était proposé ; elles fatiguent le lecteur, loin de l'intéresser ; l'éloignent au lieu de l'entraîner , et finissent par le laisser au point d'où il était parti , enseveli dans son ancienne routine, sans espoir de l'en retirer jamais.

Pour ma part, poussé vers cet art comme par un instinct naturel, j'ai non-seulement médité sur tous les systèmes et usages connus, mais encore je les ai passés au creuset de l'expérience , et , par suite de cette opération, j'ai accepté le bon , rejeté le mauvais, recherché l'inconnu ; je me suis emparé de tous les problèmes insolubles jusqu'à ce jour ; je les ai résolus d'une manière satisfaisante, et c'est alors que j'ai tracé mon plan, arrêté ma méthode dont les résultats ont donné constamment des récoltes abondantes , des réussites vraiment prodigieuses.

Pénétré de l'importance de mon sujet , sachant que mon travail devait tomber dans les mains de l'homme des champs, j'ai adopté un procédé simple , d'une exécution facile, à la portée de tout le

monde et surtout invariable dans ses principes.
Je veux décidément qu'il n'y ait qu'une seule manière d'élever les vers-à-soie ; que les produits
soient à peu près les mêmes partout, eu égard cependant à la qualité du feuillage, qui sera plus ou
moins soyeux, selon la topographie des lieux, ce
qui peut offrir quelque différence, mais non pas
aussi considérable qu'on pourrait le croire, surtout
relativement à la quantité. Quant à la qualité, nul
doute que la feuille et l'éducation des montagnes
ne soient préférables à celles de la plaine, et surtout des marécages : la soie s'en trouve plus fine,
plus nerveuse et de beaucoup supérieure.

En conséquence :

L'ouvrage que je vais livrer à la publicité sera
divisé en deux parties principales. Dans la première, je traiterai de la nature du mûrier et du
bombix dans leurs différentes phases, avec l'histoire de l'un comme de l'autre.

Dans ce travail, je n'ai hasardé par moi-même
que bien peu de choses ; mais, après avoir consulté
généralement tous les auteurs séricicoles, j'ai re-

cueilli les meilleurs passages de leurs ouvrages, et toutes les citations que je donne se trouvent corroborées par le dire de la majorité de ces écrivains.

Dans la seconde partie au contraire, prenant mon prospectus pour texte, je développe le sujet qu'il renferme ; et pour que chacun puisse juger si j'ai rempli les engagements que j'avais contractés, et si j'ai bien mérité de la confiance dont j'ai été honoré, ce manifeste se trouve placé en frontispice.

On trouvera dans cette dernière partie la manière :

1° De construire une magnanerie salubre et pratique ;

2° De faire la graine de vers-à-soie au plus haut degré de perfection ;

3° De diriger l'éclosion des œufs à l'abri de tout accident ;

4° De conduire l'éducation des chenilles avec régularité et précision.

Je ferai observer que je ne m'occupe nullement des maladies des vers-à-soie ; j'avoue que je ne les connais pas. Ma méthode a pour but de les éviter en les prévenant, et je puis dire qu'en agissant ainsi mon atelier s'en est trouvé constamment préservé, du moins des plus désastreuses.

Prévenir est, selon moi, le plus grand secours de l'art pour un insecte aussi débile. Que pourrait en effet la science de la médecine sur un tout petit animal malade dont la vie est si brève ?... En admettant qu'on reconnaisse le mal, avant de pouvoir administrer le remède, l'insecte serait probablement mort, paralytique ou gangrené. Je me bornerai donc à citer dans la première partie le dire des auteurs sur ces divers fléaux, mais sans aucun commentaire de ma part.

J'ajouterai, en terminant, que la connaissance de la première partie de mon ouvrage n'est pas rigoureusement nécessaire pour faire une bonne éducation. Il s'agit seulement de bien étudier la seconde partie ; tout ce qui s'y trouve est utile, du commencement à la fin ; rien de superflu. Il est

donc essentiel de la lire, de la relire, de la médi-
ter, de la graver dans la mémoire, afin que, pénétré de ses principes, on puisse en faire une application fidèle et sans tâtonnement.

Ce que l'on conçoit bien s'exprime clairement,
et s'exécute toujours avec facilité.

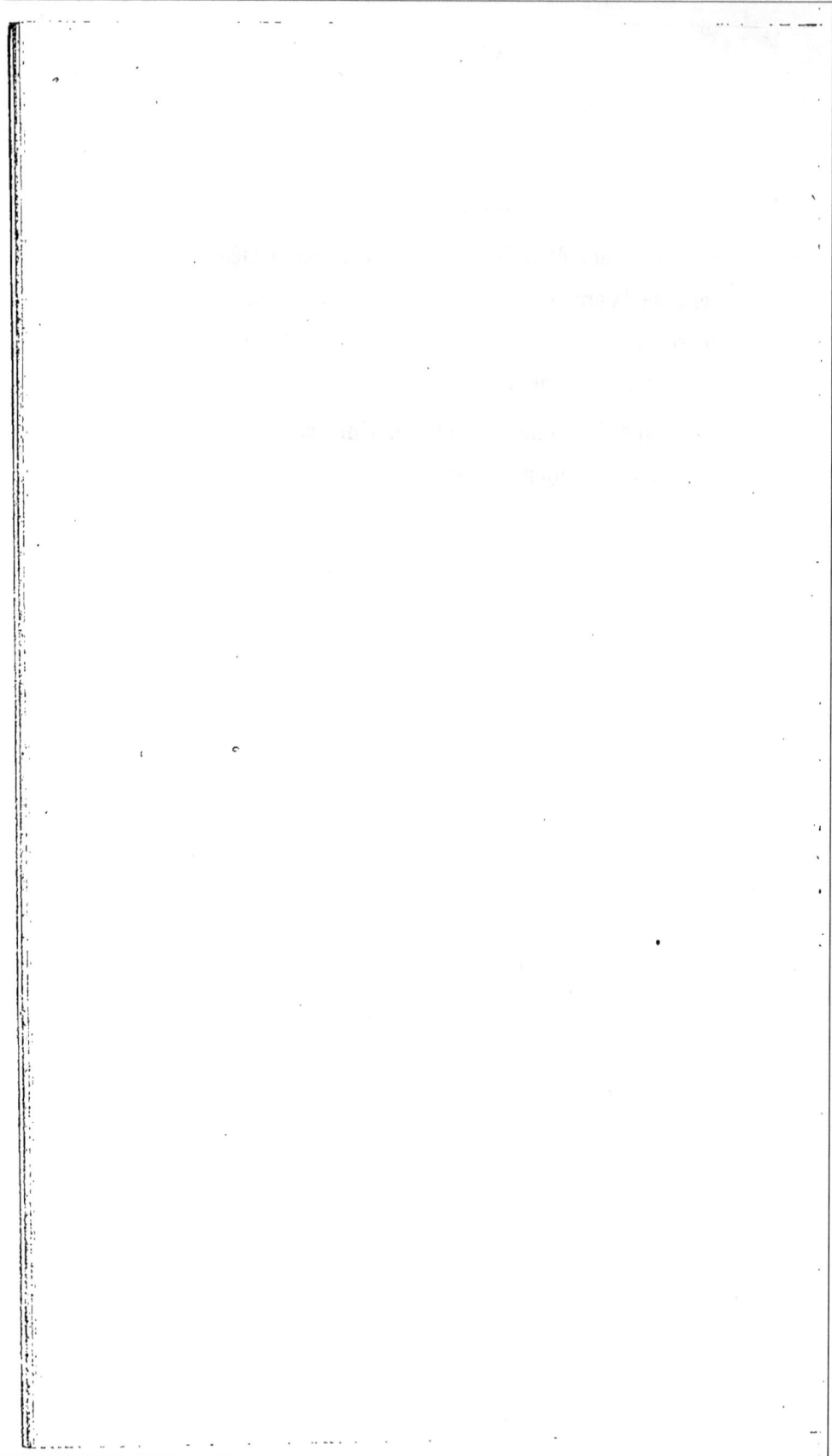

L'ART D'ÉLEVER

LES

VERS-A-SOIE.

CHAPITRE PREMIER.

—

Origine du Ver-à-Soie et du Mûrier blanc.

Si le luxe n'avait pas introduit les soieries dans
les palais, dans les temples et sur les théâtres de
l'Europe, on aurait ignoré peut-être longtemps
encore dans ces contrées l'origine de la soie, dont
l'usage est si ancien qu'il se perd dans la nuit
immense des temps. Si le beau, qui fait toujours
plaisir, n'avait pas été constamment du domaine
des soieries et ne les avait pas fait rechercher, leur
manufacture n'aurait jamais pénétré chez nous.
On n'aurait pas connu l'industrie du magnanier
qui élève le ver et produit la soie dont on fait non-
seulement des étoffes, mais une foule d'autres
objets inventés par l'homme industrieux pour le
décor et pour la commodité de la vie. Bientôt les

produits de ces manufactures se perfectionnèrent ; ils furent plus durables et plus agréables à la vue, et ils devinrent si abondants , qu'on put les offrir à des prix très-modérés. C'est ainsi que l'usage de la soie s'est généralement répandu chez toutes les nations et que l'éducation des vers qui la donnent a été connue en Europe.

Cet insecte était élevé chez les Chinois deux mille sept cents ans avant l'ère chrétienne. L'industrie sérigène s'étendit peu à peu chez les Indiens ; de là chez les Perses et chez d'autres nations asiatiques ; après , elle passa en Grèce et en Italie. Les Arabes s'en occupèrent ensuite , puis les habitants des Espagnes , enfin la France l'adopta sous Charles viii. Elle tira le ver-à-soie et le mûrier de la Calabre méridionale. Les progrès de cette industrie , je le répète , furent l'effet agréable des décorations magnifiques que l'art sut tirer des soieries teintes de différentes couleurs , non-seulement pour orner les temples et les théâtres , mais encore pour vêtir noblement l'homme et la femme.

Chez les Romains , les tissus de soie venant de l'Asie étaient d'une cherté si incroyable , que l'empereur Aurélien refusa à sa femme une clamyde de cette étoffe : « Que Jupiter me préserve, dit-il , de donner tant d'argent pour si peu de fils ! »

La soie valait alors son pesant d'or , c'est-à-dire qu'une livre de l'un payait une livre de l'autre. Elle était le signe du plus grand luxe , et, à Rome , les lois somptuaires en prohibaient l'usage aux hommes.

L'empereur Justinien introduisit à Constantinople l'éducation du ver-à-soie et la culture du mûrier comme une branche de commerce des plus utiles. Les Thébains , les Corinthiens et les Athéniens ne s'étaient pas encore adonnés sérieusement à cette industrie. Avant cette époque, les Grecs tiraient leurs étoffes de la Sérica septentrionale. Les soieries étaient excessivement rares ; aussi le haut clergé , les monarques et quelques magnats seuls s'en paraient dans les grandes solennités , ce qui leur arrivait encore fort rarement.

Plus tard, cette industrie ayant pris en Grèce une grande extension , l'usage de la soie devint plus commun et moins dispendieux. L'importation de la Chine diminua , quoiqu'elle ne cessât pas entièrement à cause de la finesse du tissu et de la durée de ses couleurs ; mais l'on parvint à imiter si bien cette provenance , et l'on répandit tant de soieries en Europe , que l'on finit par la rendre à peu près superflue.

Voici comment cet art si précieux s'introduisit en Europe et à quelle époque.

2

Dans le sixième siècle, vers l'an cinq cent vingt-sept, deux moines persans voyageant dans le pays des Serres, où se faisaient les soieries, y découvrirent tous les procédés de la fabrication. De retour de leur voyage, ils firent part de leurs observations à l'empereur Justinien et lui révélèrent le secret, jusqu'alors si bien gardé, que la soie était produite par une espèce de ver. Sur l'invitation de l'empereur, ils retournèrent en 552 dans la Sérique et en rapportèrent, dans une canne creuse, une assez grande quantité d'œufs de vers-à-soie. C'est à ce tube précieux et à nos deux intelligents pèlerins que nous devons toutes les chenilles soyeuses de l'Europe.

L'empereur, pour mettre à profit cette découverte véritablement providentielle, établit, sous la direction de son trésorier, une manufacture de soie à Constantinople même. Tous les tisserands de Tyr, de Bérite, et ceux qu'avaient formés les moines furent obligés de travailler pour la manufacture impériale.

L'introduction du mûrier et de l'insecte qu'il nourrit, au lieu de s'étendre avec rapidité en Europe, comme on devait l'espérer pour une si importante découverte, demeura, au contraire, pendant près de six siècles la propriété exclusive des Grecs.

Le monopole du commerce et de la fabrication des soieries fut enlevé à la Grèce au douzième siècle par Roger-le-Conquérant, premier roi de Sicile, qui était allé en Grèce lors de son expédition contre Marmel de Commène. En revenant dans ses Etats, il y transporta des mûriers et des vers-à-soie, des paysans et des artisans pour cultiver ce végétal, élever les insectes, et mettre à profit leur travail.

Peu d'années après, les Lucquois et les Pisantins imitèrent les habitants de la Sicile, et l'on peut les regarder comme les premiers des Latins qui aient cultivé avec soin le mûrier, et enseigné au reste de l'Italie et de l'Europe à travailler la soie.

Dès le treizième siècle, les Papes, maîtres du Comtat-Venaissin, y introduisirent la culture du mûrier, l'éducation des vers-à-soie et même quelques métiers.

Le goût des étoffes de soie a été généralement de mode partout et de tout temps. On cite que mille chevaliers anglais étaient habillés de soie de pied en cap pour le mariage d'Alexandre d'Ecosse avec Marguerite, fille de Henri III d'Angleterre. L'archevêque d'Yorck, chez qui se donnaient les fêtes, dépensa quatre mille marcs pour offrir à ses hôtes des présents en or, en argent et en soieries.

L'histoire fait mention de douze rois de France qui ont protégé et encouragé la culture du mûrier, l'industrie des vers-à-soie et la fabrication des soieries.

Sous Charles VIII, en l'an 1440, quelques seigneurs, qui avaient accompagné ce prince dans la guerre d'Italie, transportèrent de ces contrées plusieurs pieds de mûriers en Provence et surtout à Montélimart. L'on voit encore dans les environs de cette ville plusieurs de ces arbres séculaires dont les descendants ont enrichi notre sol. Il existe aussi à Malesherbes, près Pithiviers, une avenue de vieux mûriers qui a plus d'une lieue de longueur et dont la plantation remonte à cette époque.

Louis XI et François Ier puisèrent des fonds dans leurs cassettes, pour la création de certains établissements destinés à propager la culture du mûrier et l'éducation des vers-à-soie. Sous ces règnes, il arriva en France des ouvriers de Lucques qui apportèrent de leur pays des métiers pour la fabrication des soieries. Sous François Ier, principalement, on cultivait cet art avec succès en Tourraine, mais surtout en Provence et dans le midi de la France. Henri II ordonna, par édit de la première année de son règne, de planter des mûriers. On rapporte que ce roi fut le premier à porter des bas de soie, et qu'il choisit pour étaler un si grand luxe le moment de la noce de sa sœur.

Charles ix protégea un jardinier nommé Traucat, qui établit aux portes de Nimes une grande pépinière de mûriers, malgré les guerres qui désolèrent alors la France. Il ne fut pas planté moins de quatre millions de pieds de cet arbre précieux à cet époque.

Jaloux de procurer à son royaume les bienfaits de la paix, le bon Henri iv sentit plus que tout autre monarque les avantages que promettait à la France la culture du mûrier. L'on vit sous son règne le jardin des Tuileries converti en une pépinière de mûriers, et les vers-à-soie qu'on lui envoyait d'Espagne furent élevés par ses soins dans son orangerie.

Une espèce d'encouragement, que réprouvent les vrais principes de l'économie politique, mais qui peut avoir ses avantages à l'époque de l'introduction d'un art nouveau, vint contribuer puissamment à accroître l'essor de celui qui nous occupe; un édit de 1599 prohiba l'importation des étoffes de soie en France, et des lettres-patentes de 1602 ordonnèrent des plantations de mûriers, et particulièrement autour des villes de Paris, de Tours et d'Orléans.

Sous Henri IV, comme de nos jours, des pré-ventions, qui ont souvent pour appui le plus grand nombre, avaient fait admettre que le mûrier et l'éducation du bombix ne pouvaient prospérer que sous le ciel du midi de la France. Son ministre Sully, en défiance contre tout ce qui portait un caractère d'innovation, résistait aux projets de son roi. Celui-ci, ne voulant agir qu'après une conviction profonde du succès, chercha à s'entou-rer de toutes les instructions nécessaires. Il con-sulta non-seulement le patriarche de l'agriculture française, *Olivier de Serre*, qui appelait le mûrier *l'arbre doué de la bénédiction de Dieu*; mais encore il voulut avoir à cet égard l'opinion d'une commission qui fut nommée pour aller re-connaître si les terres des bords de la Loire étaient propres à la culture de ce végétal. Le rapport de cette commission fut affirmatif; alors Sully se rendit à un ensemble d'opinions contraires à celle qu'il avait primitivement adoptée, et bientôt les terres légères et perméables des bords de la Loire virent le mûrier se propager sur leur surface, et des récoltes considérables de soie eurent lieu dans les belles campagnes de Moulins, d'Orléans et de Tours

Pour donner aux manufactures de soie tout l'éclat dont elles étaient susceptibles, Henri fit bâtir la place Royale à Paris, dans l'intention d'établir, dans ses vastes salles, des métiers de brocard d'or et d'argent, afin d'affranchir la France des tributs qu'elle payait à l'étranger pour ces étoffes riches et brillantes et d'un si haut prix. Mais ces pensées utiles et toutes patriotiques de ce monarque devaient descendre avec lui dans la tombe, pour n'en être exhumées qu'à une époque plus éloignée.

Sous Louis xiv, Colbert, élève des Mascany, négociants lyonnais, sentit tous les avantages de la culture des mûriers ; aussi fit-il établir des pépinières dans le Berry, l'Angoumois, l'Orléanais, le Poitou, le Maine, la Franche-Comté, la Bourgogne et le Lyonnais.

Alors des plançons furent distribués et plantés aux frais de l'Etat sur les terres des particuliers. Ces moyens arbitraires ne convinrent pas aux propriétaires qui, par suite, ne prirent pas de ces plantations les mêmes soins que s'ils les eussent faites eux-mêmes. Plus tard, on adopta une mesure qui réussit mieux : ce fut d'accorder une prime pour tout pied de mûrier qui existerait dans un bon état de progrès trois ans après la plantation. Dès-lors, la Provence, le Dauphiné, le Lyonnais, la Tourraine et la Gascogne se peuplèrent de cet arbre. Mais les développements de l'industrie française, marchant alors d'un pas plus rapide que les améliorations progressives du sol, les produits sérigènes en France, ne formèrent qu'une faible partie de ceux employés dans nos manufactures.

On utilisait à cette époque, année commune, six mille balles de soie pour les fabriques de Lyon, sur lesquelles douze cents seulement provenaient de notre propre sol.

Avant la fin de ce règne, en 1685, la révocation de l'édit de Nantes, par l'influence malheureuse qu'elle eut sur l'industrie française, produisit un effet contraire sur les manufactures d'Angleterre. Les réfugiés français dotèrent ce pays de tous les procédés de la fabrication des soieries; ils y formèrent des établissements pour fabriquer des taffetas lustrés et autres étoffes de mode dans ce temps-là, que l'Angleterre achetait auparavant à la France. Cet événement politique, si funeste à tous égards et si désastreux pour notre industrie en général, n'a fait, au reste, qu'accélérer le moment où l'Angleterre devait, par des efforts continuels depuis le quinzième siècle, partager avec nous la fabrication des soieries.

Louis xv, pendant son règne, fut l'imitateur de ses prédécesseurs pour ce qui touche à la culture du mûrier et à l'éducation du ver-à-soie; il fit établir à Rodez une pépinière, et des fonds très-considérables furent employés à cet objet. Ce fut alors qu'on introduisit en France le ver-à-soie de Chine à cocon blanc, appelé *Sina*. C'est le type des vers qui produisent la soie blanche, seule propre à la fabrication des gazes et des tulles.

En 1750, des fabricants lyonnais, s'étant plaints amèrement du petit nombre de mûriers cultivés en France, en réclamèrent la plantation non-seulement sur les grandes routes, mais encore dans les colonies françaises, et demandèrent au contrôleur-général qu'il fût fait une distribution gratuite de plançons aux cultivateurs. C'est à cette époque que parut le mémoire de M. Thomé sur le mûrier blanc. En 1751, l'intendant de la Bresse et du Bugey ordonna des plantations considérables de mûriers et fit, à cet effet, des distributions de plançons gratuites.

Ce fut sous le règne de Louis xvi, que le rude hiver de 1787 gela presque tous les mûriers tant en France qu'en Italie. Lyon vit alors son travail cesser, et ses nombreux ouvriers en proie aux horreurs de la famine. Ce monarque malheureux, qui avait commencé à faire de grandes améliorations agricoles, surtout dans l'île de Corse, encouragea les fabricants de soieries, en leur accordant des faveurs auxquelles ils répondirent avec tant de succès , que depuis la paix de 1783 jusqu'en 1790 , après avoir fourni à la consommation intérieure , ils exposèrent encore de onze à douze millions pesant de soieries de toute espèce, dont la moitié au moins provenait des soies indigènes. C'est à cette époque que le célèbre mécanicien lyonnais Vaucanson perfectionna les machines pour le moulinage et le tordage de la soie.

Sous la République et l'Empire , lorque l'enthousiasme faisait briller au-dehors tant de traits d'héroïsme , l'on vit se commettre à l'intérieur bien plus d'une erreur. Dans ces temps de terreur et d'arbitraire , l'on abattit les mûriers généralement partout. Le seul département de Vaucluse en vit détruire plus de huit mille pieds. En 1804 , le gouvernement voulut relever les fabriques de soie, et offrit , à cet effet, des sommes considérables ; on répondit que la France manquait totalement de matières premières , les mûriers ayant été arrachés presque partout.

Sous Louis xviii , M. Lesey de Marnésia , alors préfet de Lyon , ordonna , par arrêté du 25 janvier 1818 , que les terrains communaux du département du Rhône fussent plantés en mûriers , et que les plants de ces arbres fussent renouvelés et multipliés dans les pépinières départementales. Il créa en même temps des primes pour être distribuées aux propriétaires qui se livreraient à la culture du mûrier avec le plus de zèle et de succès.

Par l'exposé succinct que nous venons de faire sur l'histoire de l'art qui nous occupe, l'on peut voir que jusqu'ici les gouvernements dépassaient, par les excitations qu'ils répandaient, le zèle des propriétaires, qui n'osaient se livrer isolément à la culture du mûrier et à l'éducation du ver-à-soie, soit parce qu'ils craignaient de n'être pas secondés par les fermiers et par les paysans, soit parce que, chez beaucoup d'entre eux, les habitudes routinières, qui rendaient les récoltes incertaines, les portaient à douter du succès.

Il n'en est pas ainsi aujourd'hui : partout les particuliers dépassent et excitent le gouvernement. Beaucoup de Conseils-généraux réclament des fonds spéciaux, demandent des créations nouvelles, et partout les Sociétés d'Agriculture reconnaissent que la culture du mûrier et l'éducation du ver-à-soie doivent désormais appeler, de la part du gouvernement et des propriétaires, une attention toute spéciale et des plus sérieuses, pour être propagées dans les contrées où elles sont ignorées, oubliées ou abandonnées.

Nous devons cependant le dire, partout un mouvement d'amélioration est imprimé à cette branche de notre économie agricole. Mais dans quelles proportions plus élevées ces efforts, ces succès n'auraient-ils pas besoin de s'étendre, pour que le sol de la France arrivât à produire, en plus, des soies pour près de cent millions de francs qui manquent aujourd'hui à nos belles manufactures, ou à notre commerce d'exportation ?

Jusqu'à ce jour les encouragements et les améliorations auxquelles ils ont donné lieu, sont loin de satisfaire aux besoins du pays ; voilà ce qui nous a toujours fortifié dans nos recherches et nous a fait marcher vers notre but d'un pas ferme et sûr.

Nous devons signaler ici la cause des progrès qu'a faits l'art de la soie, en proclamant une idée, vérité qu'on ne saurait trop populariser : c'est que l'état du sol est véritablement l'expression vivante de l'état de la science, et qu'il porte l'empreinte des erreurs comme du savoir des peuples qui les cultivent. C'est sous les règnes les plus mémorables et les plus heureux que l'on a cherché à asseoir la base de notre industrie manufacturière sur notre agriculture. C'est ainsi qu'on a vu croître et se propager, non-seulement en France, mais encore dans les autres contrées de l'Europe, la production de la soie sous les règnes les plus prospères, et décroître et dégénérer cette branche de notre industrie agricole, toutes les fois que, par des causes quelconques, l'horizon politique s'est rembruni. La culture du mûrier et la production de la soie sont donc éléments et symptômes de prospérité publique, et si, comme on le prétend, le ver-à-soie n'est pas démocrate, il est encore bien moins révolutionnaire. La paix et la prospérité du commerce sont ses principaux éléments; c'est de là que découlent le bien-être et le luxe qui ne sauraient se passer des soieries.

Le mûrier se multiplie et croît dans tous les pays. On le cultive en Angleterre, en Belgique, en Prusse, en Russie même, et c'est avec juste raison qu'on le compare à l'espèce humaine, qui s'acclimate dans toutes les zones, pourvu qu'elle arrive par des transitions insensibles d'un climat à un autre. Il en est de même des vers-à-soie qui, originaires de l'Asie, vivent et produisent aujourd'hui comme nous venons de le dire dans des régions très-septentrionales.

Le mûrier est un arbre très-exigeant pour sa culture; mais il est aussi très-reconnaissant envers son bienfaiteur; il paie avec usure les soins que la main de l'homme lui prodigue.

Nous terminerons ce chapitre en faisant des vœux pour que les départements de la France, qui se sont adonnés à cette précieuse industrie, mettent à profit immédiatement les améliorations que nous allons introduire dans l'éducation des vers-à-soie, en substituant les préceptes de la science, aux chances du hasard, aux modes vicieux d'une vieille routine.

Il faut bien se pénétrer, je le répète, que l'industrie agricole qui produit la soie en laisse manquer la France pour près de cent millions de francs, et que ce n'est que pour combler ce déficit que les nouveaux procédés, les méthodes perfectionnées, ont pour but constant de faire produire d'une quantité donnée de feuilles une quantité de cocons plus considérable, en préservant la chenille des maladies qui le plus souvent anéantissent l'espoir du propriétaire, et en la conduisant saine et sauve de l'incubation à la bruyère.

CHAPITRE II.

—

Du Ver-à-Soie en général.

Le ver-à-soie ou bombix est soumis, comme tous les insectes du même ordre, à plusieurs changements organiques. Ils sont chez lui au nombre de trois :

Le premier a lieu par le passage de l'état d'embryon à l'état de chenille ;

Le second est le passage de l'état de chenille à celui de chrysalide, dans le cocon que l'insecte a formé ;

Le troisième est la transformation de la chrysalide en papillon ou insecte parfait.

Aussitôt ces métamorphoses opérées, le papillon mâle s'accouple avec le papillon femelle ; celui-ci dépose ses œufs peu d'instants après ; de l'œuf fécondé sort une larve ou chenille, dont le corps composé de douze anneaux, présente de chaque

côté neuf petites ouvertures que l'on nomme stigmates ou organes de la respiration.

La peau, hérissée de petits poils noirs à la naissance de l'insecte, devient rose et de plus en plus
blanchâtre. Il a seize pattes ; les six premières,
écailleuses, sont fixées deux à deux de chaque
côté sous les trois premiers anneaux ; et les dix
autres, attachées à la partie postérieure du corps,
sont membraneuses et se gonflent ou s'aplatissent
au gré de son instinct et selon la nécessité. La tête
garnie d'écailles est armée de deux mâchoires en
forme de scie qui se meuvent horizontalement.
Sous les mâchoires se trouve placée la filière ou
petit conduit par où se moule la soie expulsée des
deux vaisseaux qui sécrètent cette matière. On
aperçoit derrière la tête des rides nombreuses, et
l'on remarque sur le dernier anneau un tubercule
charnu. On aperçoit encore sur le dos deux lignes
noirâtres convergentes et disposées longitudinaire-
ment entre le premier et le second anneau du côté
de la tête. On découvre aussi deux autres lignes
semi-lunaires, semblables à deux parenthèses entre le quatrième et le cinquième anneau.

La chaleur propre du ver-à-soie est, comme
celle des autres animaux à sang froid, à peu près
égale à la température de l'air au milieu duquel il
respire.

Un caractère propre au ver-à-soie comme à toutes les autres chenilles, c'est de changer de peau plusieurs fois avant de passer à l'état de chrysalide. Le ver-à-soie en change quatre fois, et ces renouvellements de peau s'appellent mue. Une peau seule chez un insecte, qui en si peu de temps augmente mille fois de poids et de volume, aurait pu difficilement se distendre au point de l'envelopper entièrement. Les rudiments de toutes ces peaux sont étendus en naissant sur le corps de l'insecte, qui, croissant plus que la peau ne peut se dilater, force la première enveloppe à tomber, pour être remplacée par la seconde, plus molle et de couleur plus pâle ; celle-ci se détache à son tour de la même façon que la précédente, fait place à la troisième, et ainsi de suite en prenant de plus en plus une couleur blanc de lait.

Lorsque l'époque de la mue approche, le ver-à-soie mange peu, et par l'effet de la diète et de ses pertes excrémenteuses, il s'amincit et se dépouille avec moins de difficulté. Pour quitter son fourreau, il émet des brins de soie qu'il fixe aux corps environnants, afin que cette peau soit retenue lorsqu'il fera des efforts pour s'en détacher. Cette opération terminée, il demeure d'abord plus ou moins immobile, et ensuite agitant vivement la tête il parvient à détacher la première écaille qui recouvre son museau, poussée en avant par celle qui s'est formée en dessous. Dès que cette pièce est tombée du corps, le ver-à-soie fait ses efforts pour s'avancer à travers l'ouverture du premier anneau qui est plus étroit que les suivants ; il met en liberté d'abord les deux premières pattes, à l'aide desquelles et à force de mouvements vermiculaires il se débarrasse entièrement de son enveloppe. La chenille, dans ce travail, éprouve une crise salutaire ; il suinte de la superficie de son corps une humeur qui s'interpose entre l'ancienne et la nouvelle peau pour en faciliter la séparation.

Pendant les deux premiers jours après la mue, le ver-à-soie tombe dans un état de langueur ; il a peu d'appétit, mais ensuite il devient extrêmement avide et sa faim ne se ralentit et ne cesse que lorsqu'il va subir une nouvelle mue.

Après la quatrième et dernière mue, le ver-à-soie dévore une quantité prodigieuse de feuilles, et lorsqu'il est parvenu à son plus haut degré d'accroissement, son appétit décline encore et l'abandonne tout-à-fait.

Il cherche alors à changer de place, à s'isoler, à se mettre en repos. Il se vide de toutes les matières impures qu'il avait intérieurement, jusqu'à ce qu'il ne reste plus en lui que la substance animale. Dès que la chenille est réduite à cet état, sa peau se contracte et cette contraction l'aide à émettre la soie.

Lorsque toute la soie est épanchée et que la dépouille du ver se détache dans l'intérieur du cocon, la formation de la chrysalide se prépare et s'accomplît.

Le changement de la chrysalide en papillon ou insecte parfait a lieu dans une espèce d'enveloppe renfermée dans le cocon. La chrysalide métamorphosée déchire cette enveloppe ainsi que le cocon, et rejette les dépouilles dont elle était revêtue en les abandonnant dans l'intérieur du cocon. A peine sortis du tombeau dans lequel ils s'étaient renfermés, les papillons reproduisent leur espèce et meurent peu de temps après sans avoir pris aucune nourriture, n'ayant absolument connu dans leur existence que les douceurs de l'amour.

Une qualité précieuse des vers-à-soie est l'instinct qui les porte à ne point abandonner l'endroit où on les a déposés. Ils ne sont errants qu'au moment de leur naissance pour chercher de la nourriture ; et plus tard lorsqu'ils sont pressés d'épancher leur soie, qu'ils fuient cette même nourriture, pour retrouver la bruyère sur laquelle ils veulent déposer leur tissu.

La vie des vers-à-soie se divise en sept âges :

Le premier commence à la naissance du ver et se termine à la première mue.

Le second s'étend de la première mue à la seconde.

Les troisième et quatrième se comptent de la même manière.

Après la quatrième mue, commence le cinquième âge ou l'âge adulte, dans lequel on distingue deux périodes. La première comprend le temps qui s'écoule depuis le dernier réveil des vers jusqu'à leur parfaite maturité. La seconde depuis la maturité des vers jusqu'à ce qu'ils filent leur soie et passent à l'état de chrysalide ou de mort apparente.

Le sixième âge est le temps pendant lequel l'insecte reste à l'état de chrysalide.

Le septième et dernier comprend la vie entière du papillon.

Il existe une espèce de ver-à-soie à trois mues, qui ne compte, par conséquent, que six âges. Le temps que le ver-à-soie emploie dans nos climats à parcourir ces différentes phases est à peu près de soixante jours ; ces phases durent plus ou moins suivant la fréquence des repas donnés à l'insecte et le degré de chaleur dans lequel il vit. C'est une loi générale de la nature que, sous une température plus élevée, l'on vit plus vite. Une chaleur soutenue abrége, il est vrai, le temps qu'on emploie à élever les vers-à-soie ; mais elle peut devenir aussi le fléau de l'insecte, si l'on n'y apporte des soins attentifs et constants.

En Chine, il y a des vers-à-soie sauvages qui donnent leurs produits sur des végétaux. Les uns vivent et se nourrissent de feuilles de chênes, et produisent non pas des cocons, mais de longs fils de soie d'un gris roux qui pendent parmi les branches. Les Chinois emploient ces produits pour tisser des étoffes qui sont d'une grande durée et de beaucoup de force, et que l'on peut laver sans craindre la moindre altération. D'autres vivent sur le mûrier sauvage ; ils forment un petit cocon noirâtre ou de différentes couleurs. On en fait les étoffes agréables et différemment nuancées.

On connaît encore à Madagascar une autre espèce de vers sauvages qu'on appelle *processionnaires*. Ils filent ordinairement un sac de soie haut de trois pieds, dont l'intérieur est rempli de cocons au nombre environ de quatre à cinq cents. Ces nids sont très-recherchés dans les champs par les paysans qui tirent un bon parti de cette soie.

On voit qu'il n'en est pas ainsi des vers-à-soie dans nos climats, où, livrés à eux-mêmes, non seulement ils ne prospéreraient pas, mais ils ne vivraient même pas pendant une seule saison, si l'homme ne leur prodiguait tous les soins qu'exigent leur développement et leur perfectionnement ;

ce qui prouve que cet insecte est originaire de climats bien plus chauds que les nôtres et moins variables dans la température de l'atmosphère.

Le ver-à-soie, se trouvant soumis aux soins domestiques, a dû nécessairement, comme il arrive à tous les animaux, recevoir des modifications particulières qui ont produit des nouvelles races ou variétés plus ou moins différentes. Nous en avons qui font leur mue quatre fois et d'autres trois fois seulement. Les premiers sont généralement préférés et presque seuls en usage dans nos pays. Les cocons sont généralement blancs, paille ou jaune foncé; nous en voyons rarement d'autres couleurs. Cependant il s'en rencontre de roses, de verts et d'autres nuances; mais c'est là l'exception. Les vers noirs ou tigrés ne donnent pas de cocons d'une couleur différente que les autres.

Quoique le ver-à-soie se trouve chez nous dans un climat bien différent de celui dont il est originaire et qu'il soit soumis à la domesticité, il est démontré que sa constitution se maintient vigoureuse et qu'il résiste parfois aux épreuves les plus fortes auxquelles le soumettent l'erreur et l'ignorance de nos magnaniers.

On dit qu'en Asie on obtient jusqu'à douze récoltes de cocons dans un an. On ne saurait se décider à croire bénévolement cela, lorsqu'il reste bien établi qu'en faisant deux récoltes chez nous, ce qui serait possible, l'on détruirait les mûriers et par suite la race des vers-à-soie. Notre végétal ne peut pas être effeuillé une fois par an sans en souffrir, et certainement il ne pourrait l'être deux fois sans en périr sous peu de temps. D'ailleurs, il est à peu près certain qu'une de nos bonnes récoltes équivaut en produits à toutes celles qu'on peut faire en d'autres pays dans un an. Il faut convenir cependant qu'en Chine comme en Perse, le climat favorise puissamment les éducations multiples. Dans ces pays, l'été se trouvant plus précoce, plus long et plus régulier, il fournit au mûrier le moyen de se développer rapidement et de produire un feuillage touffu et successif, aussi tendre et aussi bien nourri que celui du printemps. On comprend dès-lors qu'il est facile de faire éclore des vers et de les mener à bonne fin, non pas douze fois, mais une seconde ou troisième fois. Je suis persuadé que même, encore, on a une infériorité dans la qualité des cocons des dernières récoltes, comparativement à celle de la première, ce qui doit donner en définitive un résultat de peu de profit.

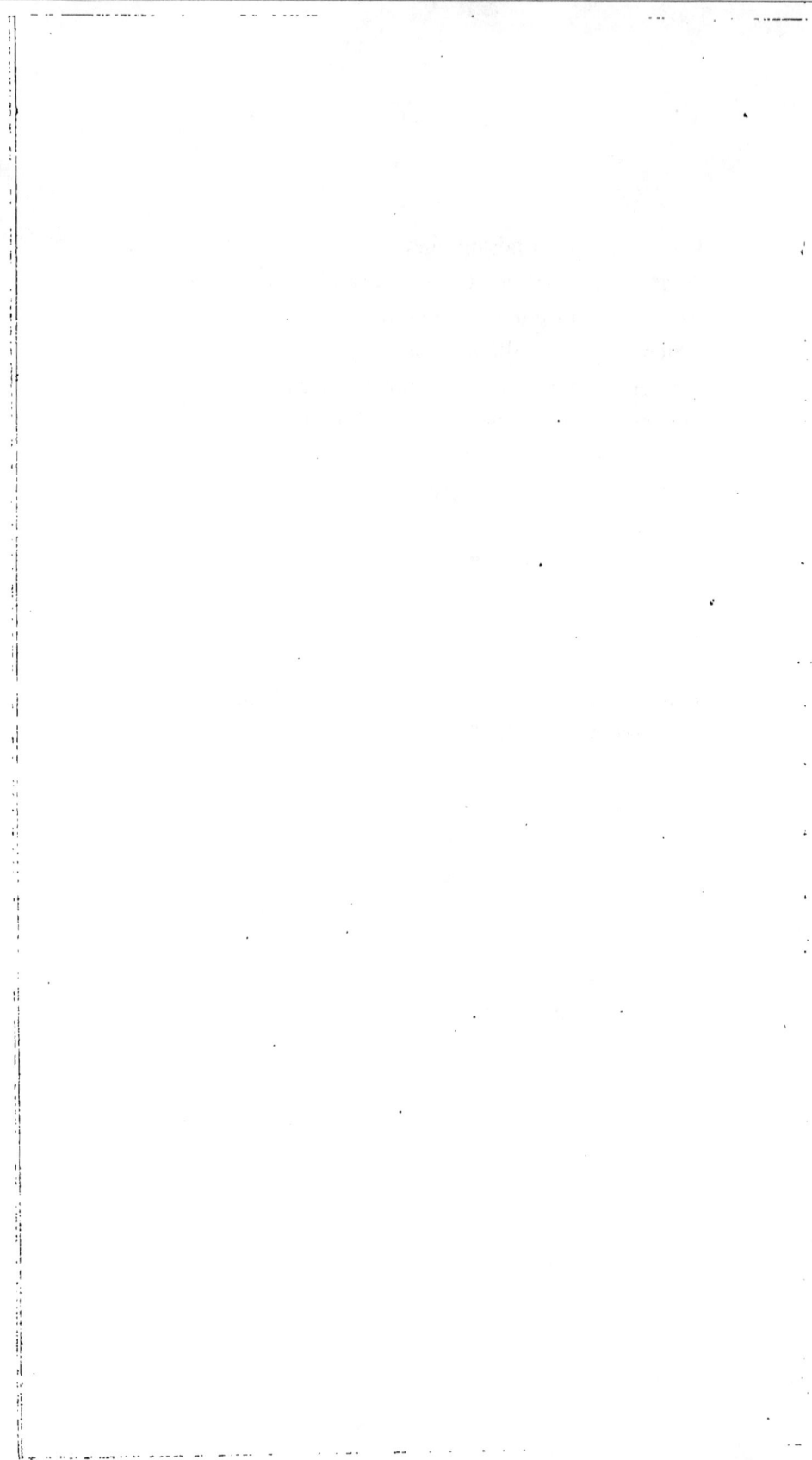

CHAPITRE III.

—

Anatomie du Ver-à-Soie.

L'ouverture du corps du ver-à-soie présente :

1° Une artère assez longue qui court distincte-
ment le long de son dos et qui remplace l'organe
du cœur ;

2° Une moelle épinière et les ramifications ner-
veuses qui lui sont propres ;

3° Un cerveau ;

4° Un grand nombre de muscles ;

5° Les trachées ou stigmates, suivies des ramifications bronchiales qui font les fonctions du pou-
mon. Elles deviennent très-minces à leurs extrémités en parcourant les viscères de la larve. Chaque
stigmate est de forme ovale et concave ; elle est
couverte d'un velu châtain-jaunâtre, circonscrit
par un anneau noir et fendu verticalement. Cette
fente s'ouvre insensiblement et à des intervalles

égaux, probablement pour respirer. Le sang qui circule dans l'artère du ver est jaune comme dans toutes les larves. On découvre également ces mêmes parties organiques dans la chrysalide et le papillon en les ouvrant. Elles sont essentiellement utiles à la vie, à la sensibilité et au mouvement ; aussi se trouvent-elles seules conservées comme parties uniques de l'insecte pendant les différentes physionomies sous lesquelles il se montre dans le cours de la métamorphose.

En continuant la dissection du ver, on découvre d'abord le canal des aliments dont la disposition longitudinale va directement de la bouche à l'anus. Le commencement de cet organe fait les fonctions de l'œsophage qui se prolonge en partant de la tête jusqu'à la dernière paire de pieds écailleux ; alors il devient étranglé et fermé par une petite volvule ; c'est là où commence la partie destinée à l'organe digestif qui termine à une petite distance de là par un second étranglement opéré par la moelle épinière au point où elle se bifurque. Vient ensuite l'organe excrétoire du ver qui se poursuit jusqu'à l'extrémité postérieure de l'anus. Son estomac se trouve rempli par les petits brins de feuilles qu'il a coupés ; ils sont, tels qu'il les a taillés, nageant dans un liquide légèrement visqueux. Ils s'avancent peu à peu et entrent dans l'organe excrétoire. Ils s'y présentent un peu arides et plus tuméfiés, et arrivent à l'anus entièrement desséchés. Ainsi moulés et agglutinés, ces brins végétables, sans jamais changer de forme ni de couleur, puisqu'ils restent toujours d'un beau vert, forment des excréments globulaires pendant l'enfance du ver; mais à mesure qu'il grandit, ils deviennent cylindriques et de couleur verdâtre.

Il résulte de là que la découverte que l'on fait petit à petit des vaisseaux qui contiennent le matériel de la soie, est aussi agréable qu'importante. Ils se prolongent depuis la tête jusqu'à l'estomac, et, en poursuivant leur chemin, ils se dirigent depuis le dos du ver le long du canal alimentaire et à la suite de différentes sinuosités. Ces réservoirs sont ordinairement jaunâtres, et quelquefois ils tirent sur le blanc. Tout le long de leur marche ces deux canaux se plient, se replient, s'entrelacent admirablement sur l'aire qui leur est assignée et petit à petit leur diamètre se rétrécit de plus en plus jusqu'à les rendre extrêmement minces et parallèles entr'eux. C'est alors qu'ils communiquent à l'estomac par leurs extrémités capillaires, précisément au point où cet organe subit son second étranglement et forme division avec l'organe excrétoire. C'est là qu'ils adhèrent et qu'ils déploient vers l'intérieur de l'estomac de très-petits vaisseaux semblables à des filaments blancs destinés à sucer dans l'organe de la digestion le superfin du liquide soyeux ; ce dont il est très - difficile de pouvoir se convaincre, à cause de la petitesse de ces fils que l'on distingue à peine avec l'œil armé.

Les organes de la soie se prolongent de ce point jusqu'au trou de la filière destinée à modeler et extraire le fil qui, au moment où le ver le fait sortir de ses papilles, passe de l'état de liquide à l'état mou, et de celui-ci à un degré plus consistant sous l'action de la température et de la pression ordinaire de l'atmosphère commune.

La matière de la soie prise dans l'organe qui la produit, ou formée en fil sur le cocon, est un produit végéto-animal, composé de sucs végétaux, combinés avec les liquides animaux du ver qui sont destinés à ce résultat dans leur organisme.

Les deux minces canaux à soie qui passent dans la filière de la larve fournissent chacun un fil très-fin, plat et creusé légèrement dans sa partie extérieure qui correspond à l'autre. Ils forment ensemble le fil dont est tissu le cocon. La ténuité du fil de soie est telle que si l'on en arrange cent cinquante brins égaux, parallèlement et en contact, ils couvrent à peine la superficie d'une ligne. Malgré cette extrême ténuité un fil simple tiré d'un cocon blanc bien serré, quoique d'une pesanteur

non appréciable et d'une longueur de cinq pouces,
soutient un poids de trois gros et il rompt un instant après à trois gros et dix grains ; tandis qu'un
fil de soie tiré d'un cocon jaune aussi fin et aussi
long ne se brise avec le même poids qu'une minute
après. Plusieurs expériences consécutives ont donné
le même résultat, ce qui prouve que le fil jaune
est plus fort et plus tenace que le fil blanc.

L'on a observé que le fil d'un cocon parfait est
long de mille à douze cents pieds ; on en a même
trouvé de la longueur d'une lieue. Les cocons sont
de formes et de dimensions différentes. Les cocons
les plus volumineux sont ordinairement produits
par des femelles et ils sont moins consistants ; les
moins volumineux appartiennent aux mâles et ils
sont plus consistants. Les cocons étranglés par le
milieu sont les plus estimés comme étant plus in-
tègres, plus homogènes dans leur substance, plus
forts et plus riches en soie.

Il n'est pas rare de voir deux vers s'unir et fabriquer ensemble un même cocon, d'une double
dimension et d'un tissu très-serré, mais tellement
embrouillé et d'une forme si irrégulière, qu'il est
très-difficile de le débrouiller et d'en dévider la
soie. Ils s'enferment en même temps et finissent
leurs travaux, de même que les autres vers, par trois
enveloppes concentriques sous lesquelles ils subis-

sent leur métamorphose, et se délivrent ensuite
par le même trou. C'est souvent un mâle et une
femelle qui forment cet accouplement comme pro-
créateurs élus de leur race future; dans ce cas, l'u-
nion matrimoniale a lieu immédiatement sortis de
leur tombeau. Lorsque le ver est dans l'état de
repos qui précède l'abandon de son avant-dernière
dépouille, il se trouve réduit de plus de la moitié
dans sa longueur; mais tout l'organisme interne
est resté intact et tel qu'il était avant qu'il eût commencé son cocon. Seulement les vaisseaux de la
matière de la soie sont entièrement vides et tellement amoindris qu'on les prendrait pour des che-
veux extrêmement tenaces.

L'assemblage adipeux ou pinguidineux de l'insecte est aussi dans toute son intégrité; il est très-
distinct. C'est un canal mince ou boyau, entre-
lacé dans sa distribution et plein d'un liquide
jaune qui est limpide, chez les vers d'une petite
dimension, et plus opaque dans ceux d'une plus
grande corpulence. Dans ce dernier cas, il est par-
semé, dans toute la longueur de l'animalcule, de
petits points bleuâtres qui sont les germes de l'o-
vaire, la grosseur du ver indiquant une femelle.

Après avoir terminé son cocon, le ver se repose; alors commence sa métamorphose et devient
par degré chrysalide. C'est une espèce de poupée

ou momie en forme de fève, renfermée dans un étui jaunâtre demi-transparent, un peu humide, flexible et fermé par plusieurs bandes circulaires appliquées les unes sur les autres, sans qu'elles puissent empêcher le moindre mouvement. Munie et cachée par cette cuirasse au milieu de son cocon, la larve reste immobile pendant dix-huit jours consécutifs. La transparence de la membrane est telle qu'elle laisse voir le papillon qu'elle enveloppe. Cette membrane durcit petit à petit, elle devient jaunâtre et moins transparente. L'insecte dans le cocon paraît une masse conoïde. En ouvrant cette nymphe, aussitôt qu'elle a déposé son dernier vêtement, on commence à distinguer l'organe sexuel et surtout celui de la femelle. On découvre aussi l'ovaire; ce sont de petits points imperceptibles et noirâtres que l'on voit épars sur la série du fil organique qui en est tout marqueté. L'ovaire se développe graduellement; le dixième jour il est tout formé et les graines ont succédé aux points noirs; au quinzième jour, il est tout-à-fait déterminé par un petit canal au sein duquel les œufs se trouvent arrangés en forme de chapelet. Le canal n'est pas aussi plein à pareille époque chez le mâle. On remarque cependant qu'il est bouffi et qu'il se trouve rempli d'un liquide qu'on peut supposer fécondant. Du dix-neuvième jour au vingt-

deuxième, la métamorphose devient complète; alors
la phalène ou papillon, débarrassée de sa cuirasse,
se prépare à percer le cocon pour en sortir. Du
coté de la tête, elle lance un liquide alcalin vers
l'extrémité du grand axe de l'ellipse du cocon, que
l'on trouve effectivement mouillé, et, par un trou
pratiqué au moyen de petites serres situées à sa
tête, elle s'élance au dehors. Il est d'ordinaire que
le mâle sorte du cocon avant la femelle. Tous les
deux sont d'un blanc cendré ou jaunâtre. Le papillon qui porte cette dernière nuance empreinte
de rouille doit être rejeté n'étant pas apte à la propagation.

Plein d'énergie et de vivacité, le mâle, plus svelte
en naissant, s'agite continuellement et cherche la
femelle qui est plus engourdie, plus volumineuse
et plus ventrue. Poursuivie par le mâle, elle cède,
s'accouple et reste dans cet état jusqu'à ce que la
main de l'homme vienne faire la séparation à une
heure convenable et prescrite.

Le mâle une fois accouplé agite ses ailes alternativement et avec célérité. Ces mouvements appartiennent probablement aux éjaculations sper-
matiques, dont l'influence excite en effet et simultanément une légère commotion sur la lourde et
molle femelle. Après la séparation des insectes, le
mâle se repose un instant; mais il revient bientôt

à la charge, en recherchant de nouveau la femelle pour la couvrir une seconde fois ; mais, celle-
ci refusant, ses efforts deviennent vains, et il court
à une mort prochaine. La femelle une fois couverte reste immobile, et après s'être déchargée
d'une matière excrémenteuse, terreuse et rougeâtre, elle pond ses œufs ordinairement dans une
position régulière, et au nombre de quatre à cinq
cents. Il arrive parfois qu'ils se trouvent en masse
et en désordre, mais ces cas disparaissent lorsqu'on
a soin de prendre les précautions nécessaires. Ces
œufs, au moment de la ponte, sont d'un jaune tendre, ils deviennent gris d'ardoise après quelques
jours. Ceux qui ne se trouvent pas fécondés conservent leur couleur jaune pendant quelque temps,
il y en a même qui ne la perdent jamais. D'autres
se décolorent et se crèvent se trouvant vides de
tout germe.

La phalène après avoir accompli son ouvrage se
plie sur le ventre en étendant ses ailes ; elle traîne
pendant trois à quatre jours sa faible vie, et meurt
sans avoir pris aucune nourriture.

L'ouverture du papillon fécondé présente le
système viscéral essentiel à la vie du ver dans ses
différentes périodes, comme chenille, tisserand,
chrysalide ou papillon, le tout dans un état parfaitement intact. C'est toujours le même entrela-

4

cement de son assemblage adipeux, mais l'organisme de l'ovaire est plus gros, plus fort et mieux
développé. Ce boyau est plein de petits œufs plon-
gés dans un liquide jaune, légèrement glutineux.
On les voit arrangés les uns après les autres dans tout
l'intérieur de ce petit canal qui se plie et se replie à
l'infini dans toute la capacité du ventre du papillon
et constitue le réservoir de la semence du bombix,
c'est-à-dire des œufs du ver-à-soie. Les vaisseaux
du liquide de la soie et ceux des aliments sont vides,
le cœur est exigu mais plus énergique et son mouvement plus sensible. L'ouverture du mâle, après
la fécondation, présente dans son entier l'organisme
essentiel à son existence ; l'organe spermatique est
vide ainsi que les vaisseaux où se formait la soie
et celui des aliments, mais ils sont très-rapetissés
comme chez la femelle. Ils se réduisent même presque à rien après la ponte chez cette dernière. Dans ce
misérable état, le bombix de l'un et de l'autre sexe,
comme nous l'avons fait observer déjà, se courbe
sur le ventre, il écarte ses antennes, se plie sur
les pieds de devant, et, appuyant sa tête sur le
plan où il est posé, il s'éteint, en étendant ses ailes
horizontalement.

En résumant tout ce que nous venons de dire,
quel étonnement n'éprouve-t-on pas lorsqu'on voit
qu'au sortir de l'œuf, le ver est ras et lisse, noi-

râtre ou blanchâtre, et qu'au sortir du cocon le papillon se trouve velu et ailé; que la larve avait seize petits pieds, tandis que le papillon n'en a que six bien longs; que le ver avait deux mâchoires pour ronger la feuille dont il se nourrit, et que le papillon n'a aucun organe pour manger, qu'il n'a même pas besoin d'aliments; que la chenille se forme un cocon pour s'y transfigurer, et que la phalène en sort pour chercher le mâle et devenir ovipare; que le corps du ver était cylindrique et long, et que celui du papillon est court et en forme de cône; que le ver-à-soie se traînait en rampant lentement, et que le papillon marche rapidement, qu'il voltige même; que le ver-à-soie ignorait les plaisirs de l'amour, et que le joyeux papillon ne cherche que sa femelle; que le ver-à-soie n'avait aucun ornement sur la tête, et que le papillon orgueilleux présente un front garni de deux charmantes antennes; que celui-là donne la soie, tandis que celui-ci donne les œufs qui doivent perpétuer un être aussi précieux. Et puis encore, à part ces phénomènes aussi admirables qu'étonnants, les mœurs du ver-à-soie doivent frapper et séduire l'homme observateur. L'on ne saurait trop s'empêcher d'admirer, entre autres qualités, son extrême docilité, qui le porte à rester continuellement à l'endroit où l'a placé le magnanier, et sa démarche qui n'a d'autre but que de rechercher son aliment dont il n'abandonne même pas le squelette végétal, s'il ne sent auparavant une nouvelle feuille jetée auprès de lui, quand bien même il serait affamé par le retard qu'on aurait mis à lui servir un nouveau repas. Enfin, par sa constitution et par son organisme, le ver-à-soie peut être considéré come un insecte fort et robuste, et lorsqu'il éprouve des maladies extraordinaires, qui provoquent souvent des pertes considérables, l'on doit nécessairement les attribuer aux vices de la méthode qne l'on a suivie, ou bien au manque de soins que l'on a négligés.

L'engourdissement que les vers éprouvent à chaque mue forme les maladies ordinaires de ces insectes ; cette léthargie est une crise naturelle et nécessaire, qui annonce une bonne constitution ; car ceux qui ne l'éprouvent pas sont incapables de bien filer leur tissu. Ces maladies dans leur espèce devant donc être considérées comme salutaires à la vie de l'animal, nous cesserons de leur donner cette dénomination, et par maladies nous n'entendrons parler que de ces contrariétés, de ces revers, qu'éprouve l'insecte, et qui non-seulement altèrent la santé, mais qui le plus souvent lui donnent la mort et portent la désolation dans les chambrées.

Il était conforme aux besoins et à l'intelligence

de l'homme, de se créer une médecine pour s'en appliquer les préceptes et les remèdes; il lui était aussi naturel d'en créer une autre pour les précieux animaux domestiques qui contribuent à son bien-être.

Le ver-à-soie, comme nous l'avons déjà dit, se trouvant un animal très-robuste et étant soigné par l'homme, il paraît impossible qu'on ait pu composer des centaines d'ouvrages sur les maladies qui l'atteignent, et cela sans pouvoir trouver encore un remède efficace au mal.

Cependant l'on s'explique cette infinité d'écrits en cette matière, en pensant que l'on a attribué les maladies de ces insectes à leur constitution supposée vicieuse, lorsqu'elles sont l'effet d'un mauvais régime, d'une mauvaise éducation.

Le ver-à-soie se trouvant réduit dans nos contrées à un état de domesticité, nous n'avons, pour en retirer avantage et profit, qu'à contrarier leur nature le moins possible; nous serons alors certains de ne les voir jamais atteints de ces maladies dans les quelques jours qu'il leur faut pour arriver à verser le précieux produit qui enrichit notre patrie.

Depuis sa naissance jusqu'à l'ovipération ou la ponte, le bombix réclame des soins éclairés et incessants. Il suffit de considérer la nature des flui-

des qui le composent, sa faculté d'aspirer promptement les principes contagieux que l'imprévoyance
laisse développer autour de lui, à cause du grand
nombre de ses organes aériens, pour reconnaître
la puissante influence des soins qu'on lui consacre.
Par suite d'un mauvais régime, d'un repas d'aliments viciés, le plus bel atelier peut devenir dans
quelques heures de temps, un foyer d'infection,
un charnier de morts et de mourants, un vaste
hôpital.

CHAPITRE IV.

—

Maladies des Vers-à-Soie.

Les maladies peuvent assaillir le ver dès l'incubation. Une chaleur non graduée, trop précipitée, une atmosphère trop sèche ou trop humide produisent une mauvaise éclosion. Les insectes alors naissent rougeâtres, ce qui n'est pas naturel, et, leur début dans la carrière de la vie ayant été entaché d'un vice fâcheux, l'animal porte en quelque sorte un stigmate funeste qui rend son existence incertaine et malheureuse; au lieu que ceux dont l'embryon s'est développé d'après les lois tracées par l'observation et l'expérience naissent suivant le vœu de la nature et sont nécessairement moins sujets aux diverses maladies qui affectent leur espèce.

Avant d'entreprendre de décrire les circonstances de chacune de ces maladies, leurs symptômes et leurs effets ; avant de les caractériser par leurs différentes dénominations, nous devons faire observer qu'il n'y a pas d'indices certains pour les désigner, pour les décrire d'une manière positive ; que ces dénominations sont locales et que leurs caractères sont trompeurs par la raison qu'ils sont variables. Du reste , la définition des maladies est sans doute utile, mais l'hygiène et la médecine préventive le sont bien davantage ; car il y a plus de raison d'aller au devant du mal que de chercher à y remédier quand il est arrivé, surtout chez de pauvres petits êtres, comme ceux qui nous occupent, dont la vie est si courte. Cependant, tenant à la promesse que j'ai faite dans la préface, je vais énumérer ces diverses maladies , en les décrivant telles que je les ai recueillies dans les meilleurs auteurs.

LA ROUGE.

La rouge est une maladie qui attaque les vers-à-soie qui n'ont pas été bien incubés ; elle se développe ordinairement quelques jours après leur naissance.

En cet état, les petits vers sont languissants, souvent engourdis et comme asphyxiés. Leur cou-

leur est plus ou moins rouge ; elle s'éclaircit peu
à peu pendant le cours des âges suivants, et finit
par devenir d'un blanc sale, vers la quatrième époque de la vie des vers, s'ils ne meurent pas auparavant. Quelquefois ils parviennent dans cet
état à former un cocon, mais il est si imparfait
qu'il n'est d'aucun profit ; la larve se trouve tellement épuisée, que son physique se détruit et
qu'elle meurt sans pouvoir se métamorphoser en
nymphe. Les anneaux de son corps s'amoindris-
sent et se dessèchent petit à petit, de manière que
l'insecte tombe dans un état complet de maigreur.

Le passage subit d'une température basse à une
très-élevée, et *vice versá*, sont les causes qui, en
troublant les organes de la digestion et de la respiration, occasionnent cette maladie.

Avec des soins très-minutieux, soit dans le
régime, soit dans l'assainissement des tables et des
locaux, on pourrait bien porter certaines améliorations dans la condition de ces petits insectes ;
mais ils donneront toujours beaucoup de peines
et peu de profit ; aussi si toute la couvée était
entachée de ce mal, le parti le plus sage et surtout le plus sûr serait de faire couver une nouvelle quantité de semence dès l'instant qu'apparaît
la maladie, et de se débarrasser des malades,
pour éviter des frais inutiles et assurer une récolte.

LES PASSIS OU HARPIONS.

Cette maladie a des symptômes analogues à celle qui précède ; la maigreur, le manque d'appétit, les rides de la peau, les pieds crochus et l'extrémité postérieure du corps pointue, en forment les principaux caractères. Les causes sont les transitions soudaines de la température, et le dérangement de la transpiration, augmentée ou arrêtée surtout par l'humidité. Si les moyens pour modifier les conditions de l'atmosphère et améliorer les aliments ne sont pas promptement employés d'une manière victorieuse, alors le seul parti à prendre est de choisir les vers atteints de la maladie, s'ils ne sont pas trop nombreux, et de les mettre sur des claies ou dans une chambre à part, afin que, s'ils meurent, ils n'infectent pas ceux qui se trouvent sains. Mais, si les vers malades étaient en grande quantité, il faut les détruire au plus tôt comme dans la maladie précédente et faire une nouvelle couvée moyennant qu'on ait eu le temps et les soins de mettre de la graine en réserve ou de se la procurer ailleurs. L'on ne saurait trop recommander cette dernière précaution jusqu'au troisième âge ; avec ce secours ont peut parer à bien de contrariétés et éviter de grandes pertes.

LE FLAT.

Cette maladie attaque le ver à la seconde mue, rarement aux autres et presque jamais à la quatrième. Les caractères de cette affection sont : le gonflement de la tête de l'insecte et de ses anneaux, le luisant de sa peau, le jaune répandu à la circonférence de ses stigmates, le liquide jaunâtre qu'il vomit, l'agitation qui lui fait abandonner son lit ordinaire pour rejoindre les bords de la claie.

Les causes éloignées de cette maladie sont : la malpropreté, les gaz délétères qui se dégagent des litières, la moisissure des excréments, la mauvaise qualité des aliments, le défaut d'espace des tables.

Ces accidents retardent les fonctions organiques, la respiration et la transpiration ; elles produisent l'altération des humeurs et la mort.

Dans cet état, le ver s'arrête toujours au bord des claies ; tout son corps est tendu ; il devient flasque, se rapetisse, meurt et se putréfie lentement.

Les moyens d'arrêter cette maladie sont l'extrême propreté, le choix des aliments, et les précautions nécessaires, pour combattre les influences fâcheuses de l'air. Si l'effet de ces mesures n'est pas instantané sur la santé des malades, il faut les trier de suite et les détruire immédiatement.

LE GRAS, VACHE OU SAUNE.

Cette maladie arrive dans les troisième et quatrième âges, quelquefois même juste au point de former le cocon. C'est un mal qui est sporadique, c'est-à-dire qu'il règne partout à la même époque.

Les marques carastéristiques du mort-gras sont : le gonflement total du corps de l'insecte, excepté de la tête, la couleur jaune foncé de la peau, la distension de cette peau qui va jusqu'à se rompre et épancher un liquide jaune.

Pendant cette maladie, l'insecte marche, mange, grossit et ne file pas. Il succombe après trois à quatre jours passés dans cet état incurable et se corrompt promptement.

Les causes et les remèdes sont les mêmes que ceux décrits dans l'article précédent ; l'on va jusqu'à conseiller de plonger les insectes dans le vinaigre dès qu'il sont atteints de cette maladie. C'est peut-être le cas de dire que le remède est pire que le mal.

Je dois faire observer qu'ayant remarqué que des
vers jaunes faisaient tout de même leurs cocons, j'ai
constaté une différence entre ceux-ci et ceux qui ne
filent pas. C'est qu'en posant le doigt sur l'extrémité supérieure de l'anus, on reconnaît une certaine dureté qui est probablement le crottin près à
s'échapper du canal, ce qu'on ne rencontre pas
chez celui qui ne file pas de tissu, et dont cette
partie du corps est tout-à-fait lisse, ne renfermant
qu'un liquide jaunâtre, ce qui prouverait que
chez ce dernier la digestion s'opère mal.

LES BLANCS OU TRIPES.

Cette maladie atteint ordinairement le ver au
moment où, quittant toute nourriture, il est prêt
à commencer son cocon. Il conserve si bien après
la mort les caractères de la vie et de la santé, qu'il
faut le toucher pour acquérir la certitude qu'il
n'existe plus. C'est ce qui a fait appeler cette maladie chez les Italiens : *vivo apparente*. Les signes
caractéristiques sont : l'inquiétude du ver, ses
changements fréquents de disposition, qui résul-
tent des piqûres que lui font les lentes imperceptibles qui finissent par le lasser et le rendre
immobile. Son corps est frais, un peu dur, et

recourbé en arc, de telle façon que le ventre en forme la convexité extérieure ; les stigmates aériens sont d'un plus grand diamètre dans l'état de santé.

Quelques-uns de ces vers s'étendent et deviennent flasques; un ou deux jours après qu'ils ont été atteints de ce mal, l'extrémité du corps devient presque rouge jusqu'au dernier anneau. Les progrès de ce mal sont si rapides, qu'il est très-difficile d'en apercevoir la prédisposition, et le plus souvent l'insecte meurt avant qu'on puisse venir à son secours.

Les causes éloignées sont : l'influence des temps chauds et orageux, le méphitisme des matières fécales et excrémentielles, l'humidité de l'atmosphère et l'entassement de ces animaux sur les claies.

Les causes immédiates sont : la respiration troublée, la transpiration interceptée, les vaisseaux exhalants et absorbants engorgés, la présence de lentes verdâtres et imperceptibles engendrées par la fermention des litières.

Il n'y a qu'une direction régulière dans le régime, qu'une administration bien soignée durant le cours de l'éducation, qui puissent préserver les vers-à-soie de ce mal affreux, d'autant plus funeste qu'il ne se manifeste ordinairement à l'œil du magnanier, que lorsqu'il est à son apogée et presque toujours au moment où tous les frais de la récolte sont faits et qu'on est prêt à en réaliser les résultats.

LE COURT, LA LUSETTE OU CLAIRETTE.

Cette maladie se manifeste ordinairement après la quatrième mue. Les caractères de ce mal sont : la couleur de l'insecte qui, de rouge, devient insensiblement blanchâtre jusqu'au transparent, et principalement la tête ; il est d'un volume plus gros qu'à l'ordinaire ; une bave diaphane coule de son bec ; son corps se raccourcit au moment où il meurt ; il passe en métamorphose avant qu'il ait fait son cocon ; bientôt après il devient noir, se corrompt ou devient infect.

Les causes éloignées de ce mal sont : la détérioration des aliments ; un feuillage grossier, sec et fermenté ; l'irrégularité des repas, le méphitisme des claies et le défaut d'espace. La cause prochaine est l'affaiblissement de l'organe digestif et la haute énergie des vaisseaux absorbants.

LES DRAGÉES OU GRELOTS.

Dans cette maladie, il s'opère sur l'organisation de l'animal un changement complet : son corps

devient dur et prend la forme d'une dragée. En ouvrant le cocon, on ne trouve pas de chrysalide,
mais un ver blanc, raccourci, semblable à une
dragée. L'on voit parfois des éducations dont presque la totalité des cocons sont dragées. Il ne faut
pas s'en trop alarmer : la qualité de leur soie est
aussi belle que celle provenant des cocons naturels ;
mais, comme ils se trouvent plus léger, il convient
de ne pas les vendre et de les faire filer pour son
propre compte ; on y trouvera du profit. Un cocon
dragée se reconnaît en l'agitant à l'oreille : le ver
qui s'y trouve renfermé, desséché et durci, rend
un bruit sec comme un grelot.

Les causes qui produisent cet état de calcination
sont : le relâchement du canal des aliments, occasionné par la nourriture d'un feuillage résineux,
mouillé, couvert de poussière, échauffé par le
grand soleil ou passé à un état de fermentation ;
l'humidité, la puanteur fécale, les immondices et
leur méphitisme produisent encore cette maladie.
La cause prochaine est l'atonie de l'organe digestif ; la cause immédiate est la dépravation des sucs
nutritifs et des vaisseaux digestifs, ainsi que le
désordre de la transpiration et de la respiration.

MOMIE NOIRE.

La momie noire n'est pas une maladie du ver, mais bien l'effet d'un accident qui lui fait perdre la vie au milieu des lignes diagonales qu'il place en désordre dans l'intérieur de son cocon. Il s'y laisse prendre, et, ne pouvant plus se mouvoir, il y meurt étranglé. Dans cet état malheureux, il s'exténue, se raccourcit, se dessèche et devient très-consistant et solide. Il en résulte une momie d'un noir foncé. Un tel événement survient par la perturbation qu'éprouve l'insecte lorsqu'il est dérangé au moment de la formation de son cocon. Nous ne saurions donc trop recommander de ne jamais troubler les vers tisserands par des secousses dans tout le cours de leur travail ; de les surveiller toujours avec soin, d'apprêter des ramages propres, choisis et placés par avance, pour fixer les vers errants et vagabonds, afin de les exciter à former leurs cocons, et faciliter leur travail par le repos et la situation convenable qu'on leur présente.

LA PERLE SOYEUSE OU GOUTTE DE GOMME.

La perle soyeuse est encore un accident et non une maladie. L'apparition de ces symptômes n'a pour toute cause que la chute de l'insecte d'une hauteur plus ou moins considérable, lorsque, ayant acquis la maturité et la corpulence nécessaires, il cherche un endroit pour former son cocon. Cet accident peut encore résulter de la compression opérée par les assistants, lorsqu'ils changent les claies, qu'ils font les dédoublements ou qu'ils posent les rameaux. Ces pertes sont d'autant plus regrettables qu'elles arrivent au point où le ver a fait toutes ses dépenses; aussi doit-on apporter dans toutes ces opérations une surveillance et une attention scrupuleuses.

Cette chute occasionne à l'animal des contusions et des lacérations intérieures et extérieures. Les uns en meurent; d'autres, plus robustes ou moins endommagés, remontent sur le ramage et font même un faible cocon; d'autres enfin, immobiles, conservent la vie, mais hors d'état de travailler. La matière soyeuse est extravasée, elle forme à l'anus une goutte telle qu'une perle luisante d'un jaune tendre, qui devient plus consistante, plus dure et plus rougeâtre, à mesure qu'elle se coagule.

LA FLACIDITÉ.

C'est au moment de la maturité, et lorsqu'on a placé ou que l'on place les rameaux, que l'on découvre des vers flasques, mis hors d'état de pouvoir travailler. Ils tombent d'abord dans un malaise général, maigrissent rapidement, deviennent flasques comme un boyau, et meurent incessamment, pendus le plus souvent à la bruyère. A l'ouverture de ces vers, on voit la matière soyeuse rassemblée dans le canal des aliments, et presque sanguine. Les vaisseaux qui la contenaient sont vides et déchirés en divers endroits. Un tel symptôme est seulement l'effet de la forte compression que ces animaux éprouvent de la part de ceux qui les touchent. Une attention soutenue peut donc éviter ces malheurs.

MOMIE SIMPLE OU MUSCARDINE.

La muscardine est sans contredit la plus cruelle maladie du ver-à-soie. C'est le fléau de cet insecte ; elle cause à elle seule plus de ravages que toutes les autres ensemble.

Dandolo prétend qu'elle n'est pas contagieuse ; mais Bonafoux et autres auteurs se trouvent d'une opinion tout-à-fait opposée ; car ils déclarent qu'elle se communique très-facilement, et ils recommandent de désinfecter complètement l'atelier où elle a régné, ainsi que de lessiver tous les ustensiles avant que de commencer une nouvelle éducation dans le même local. A l'appui du dire du premier auteur, je pourrais donner une foule de citations : entr'autres j'ai vu l'échafaudage et les ustensiles d'un atelier ravagé annuellement par la muscardine, transportés dans une autre localité sans préparation préalable, attendu qu'on ignorait le fait, donner des cocons les mieux confectionnés, sans aucune trace de la maladie. Malgré cela, je suis loin de ne pas conseiller les précautions indiquées dans un événement semblable, et, dans le doute, je les recommande sévèrement.

Cette maladie se manifeste quelquefois dans les premiers âges ; mais ces cas sont fort rares, et ce n'est ordinairement qu'à la quatrième mue qu'elle apparaît, plus souvent encore au moment où le ver monte sur la bruyère et même quand le cocon est fini. Dans ces deux derniers cas, le ver qui doit passer à l'état de muscardine présente les caractères suivants : quelques taches se développent par degré sur sa tête ou sur toute autre partie de la peau, ou bien il se fait une irruption de points noirs imperceptibles sur tout le corps de l'insecte, qui se trouve couvert d'une infinité de lentes engendrées par les immondices entassés et en fermentation. Ces derniers insectes blessent le ver, le tourmentent, lui causent des éruptions, le rendent malade et finissent par le tuer. Le cadavre du ver, après s'être amoindri, se trouve réduit en une substance dure, blanchâtre comme du plâtre, qui résiste à l'incision et, sans changer de forme, il se conserve longtemps en cet état.

Il existe tant d'écrits sur cette maladie, l'on conseille tant de remèdes, qu'on n'en finirait pas si l'on voulait en faire la nomenclature. Ayez de vastes locaux bien aérés, tenez les vers bien clair-semés sur les claies, apportez dans l'éducation tous les soins convenables, et vous serez à l'abri de ce fléau qu'engendrent ordinairement la malpropreté, le méphitisme, le manque de pureté de l'air et l'encombrement des insectes.

L'on connaît encore d'autres maladies qui attaquent le ver dans le cocon, mais elles se rattachent toutes à celles que nous venons de décrire; elles présentent les mêmes symptômes et sont l'effet de la calcination. La science ne pouvant être d'aucun secours au ver malade qui se trouve renfermé dans le cocon, je me dispense de décrire ces diverses maladies; on les connaît sous les dénominations de *Momie brune*, *Momie fleurie*, *calcinée*, *fondue*, etc.

MALADIES DU PAPILLON, ANIMAUX NUISIBLES.

Après la métamorphose, le ver, devenu papillon, éprouve encore des maladies qui proviennent du régime qu'il a suivi et de l'état de faiblesse
qu'il a contracté. Il meurt alors dans l'enceinte
qu'il s'est formée, ou bien il en sort avec des efforts
trop grands pour ses forces, qui l'épuisent et le
rendent impropre à la fécondation. L'on reconnaît
que cet animal a perdu les qualités nécessaires à la
fécondation, si, après être sorti du cocon, il se présente d'une couleur sale ou rougeâtre, ou dans un
état d'engourdissement, ne recherchant pas vivement sa femelle ; si celle-ci se refuse à l'accouplement du mâle qui la presse ; si tous les deux ne
s'accouplent qu'avec peine et se séparent après
l'accouplement. Toutes ces circonstances indiquent
qu'il faut retrancher ces papillons de ceux que l'on
choisit pour fournir la graine ; car, produite par
des sujets semblables, elle serait stérile, ou du
moins, elle ne donnerait que des vers rachitiques
et infructueux.

Nous ne nous étendrons pas davantage pour le
moment sur l'état du papillon et de la semence.
Nous aurons occasion de traiter ce sujet en donnant

la manière de confectionner la graine. Nous ter-
minons ce chapitre en faisant connaître la médecine du célèbre Dandolo, applicable aux vers-
à-soie.

Il n'y aura jamais de maladies, dit ce savant
observateur, *lorsque l'œuf aura été bien fécondé,
bien conservé, et le ver-à-soie bien élevé ; mille
expériences me l'ont démontré.* Aux désastres de
toutes ces maladies, on doit ajouter les ravages
occasionnés par les animaux destructeurs et ennemis du ver-à-soie, tels que les rats et les souris,
les mouches et les moucherons, les fourmis et les
araignées.

L'on se délivre des premiers par l'empoisonne-
ment continuel tant qu'il en reste un seul dans la
maison. L'on se sert, à cet effet, du phosphore
mêlé avec de la farine, ou bien d'une pâte appé-
tissante dans laquelle on fait entrer un dixième de
cette substance ou de carbonate de baryte.

L'on se préserve des fourmis, en frottant le poteau ou le mur par où elles arrivent avec de l'huile
de cade. Le rayon touché par ce liquide est infran-
chissable pour l'insecte qni s'empresse de rebrous-
ser chemin pour éviter une mort certaine.

Quant aux mouches et aux moucherons, ils
contrarient beaucoup les vers-à-soie, mais on peut
en empêcher l'introduction dans la magnanerie, en

plaçant des canevas à toutes les issues. Les araignées aussi tourmentent fort le bombix ; elles finis-
sentmême , en le piquant , par le faire périr. L'on
doit soigneusement les épier , et les tuer immédia-
ment, si l'on en rencontre ; toutes leurs toiles doivent disparaître de l'atelier avant l'éducation.

Les moyens que nous indiquons pour se débarrasser des animaux nuisibles sont bien plus effi-
caces que les remèdes que l'on conseille pour guérir
les maladies dont nous venons de parler ; et, pour
preuve de la confiance qu'ils m'inspirent, que le
ciel en préserve vos ateliers.

CHAPITRE V.

—

Notions générales sur le Mûrier blanc.

Le mûrier blanc, comme nous l'avons déjà dit,
se trouve originaire de la Chine. Après avoir passé
successivement de ce pays, dans les Indes, la Perse,
l'Archipel, la Grèce, les Siciles, l'Italie, l'Arabie
et l'Espagne, il fut introduit en France sous le
règne de Charles viii.

Cet arbre précieux est actuellement cultivé dans
presque toute la surface du globe, et on l'a tellement entouré de soins en Europe, qu'il y est comme
naturalisé dans toutes ses contrées, et que nous
n'avons plus rien à envier à la terre-mère.

On peut entreprendre la culture du mûrier pour
nourrir le ver-à-soie, dans tous les climats où cet
arbre, effeuillé une fois, peut produire une seconde
feuille et aoûter son nouveau bois.

Le mûrier résiste même dans les pays où les
grands froids détruisent les arbres indigènes de la

plus forte constitution. Il se reproduit aisément par le semis , et cette méthode simple et tout-à-fait naturelle lui permet d'adapter son organisation aux circonstances du terrain et du climat où il prend racine, ce qui le rend plus vigoureux et le conserve bien plus longtemps.

Je dois faire observer cependant que, quoique le mûrier s'accommode de toute sorte de terrain, l'arbre n'acquiert pas partout la même force ni ses feuilles le même degré de bonté. Planté dans des lieux élevés , ventilés , naturellement secs et dans des fonds légers , le mûrier procure généralement une soie abondante , fine et nerveuse. Le même arbre placé dans des lieux bas , humides , ou dans des régions froides , fournit des feuilles moins bonnes et par suite une soie moins abondante , inférieure en qualité. La rareté des pluies et une chaleur soutenue améliorent le fluide nourricier de cet arbre , comme celui de tous les végétaux , originaires des pays chauds.

Le mûrier blanc est d'une constitution forte ; il a la fibre ligneuse, consistante, compacte et peu humide , de manière que, dans les pays froids, les rigueurs de l'hiver ne produisent sur lui aucune gerçure. Néanmoins il n'est pas exempt des maladies causées le plus souvent par le changement inattendu de l'atmosphère, surtout dans un climat humide. L'espace, lorsqu'il est trop étroit, devient très-préjudiciable à ces végétaux. Ils se nuisent mutuellement entr'eux et sont souvent ravagés par leurs ennemis naturels, les larves, ou les scarabées qui les attaquent, soit par les branches, soit par les racines.

Les creux qui se forment à la naissance des branches principales, au sommet du tronc, deviennent aussi très-pernicieux. Ils retiennent des matières terreuses, mêlées avec de l'eau pluviale, qui deviennent corrompues. Les branches s'altèrent, se pourrissent par degré, et ce chancre devient si corrosif qu'il finit par ronger même le corps du tronc. Il nuit essentiellement à l'organisation de l'arbre, trouble son économie végétative et paralyse son existence. Aussi doit-on prendre garde de ne couronner les arbres que sur deux ou trois branches à la première pousse. C'est là le seul moyen d'éviter ces creux qui, par suite, causent de si grands ravages.

Il est d'autres causes non moins nuisibles pour les mûriers : l'émondage mal pratiqué, les gelées subites du printemps lorsque les bourgeons viennent de s'ouvrir, la déperdition de la sève descendante et condescendante, son exposition à une atmosphère toujours agitée, ou bien placé dans des terres impropres par leur nature.

Le mûrier est d'un bel aspect, d'une taille moyenne parmi les végétaux ; ses branches s'entre-lacent irrégulièrement ; il est couvert d'un feuillage touffu que colore un beau vert luisant ; les feuilles taillées en cœur et à bords dentelés plaisent à la vue ; on en forme des espaliers, des buissons, des haies vives ; on en dispose des avenues, des promenades, des bordures. Son bois sert à la menuiserie, à la tonnellerie, au charronage, etc. Les tonneaux de mûriers donnent promptement à l'eau-de-vie qu'ils contiennent une belle couleur jaune ; ils la rendent moelleuse et la vieillissent dans peu de temps. Ces fûts sont d'une grande solidité et peuvent résister à une forte fatigue.

L'écorce du mûrier, lorsqu'il avance en âge, est grise, fortement cannelée et très-épaisse. Telle n'est cependant pas sa forme dans sa jeunesse : alors elle se trouve très-filamenteuse et l'on s'en sert pour confectionner des cordages, pour faire des toiles grossières et même du papier. L'on fait rouir pour cela les jeunes branches comme le chanvre, et par ce moyen l'écorce se détache très-facilement. L'aubier de cet arbre est d'un beau jaune ; sa substance est compacte et sans tache ; elle est employée par les teinturiers dans leurs opérations.

Les botanistes placent le mûrier dans la classe des plantes monoïques, renfermant celles dont les fleurs mâles et femelles existent séparément sur le même individu. Il arrive cependant très-souvent que les semis produisent des individus unisexuels. Nous pensons que, dans ce dernier cas, il serait avantageux de propager de préférence le mûrier mâle en le multipliant par la greffe, les marcottes ou les boutures. On serait exempt de cette manière du déchet considérable que les fruits occasionnent quand on épluche la feuille ; la litière dans les derniers âges serait exempte de ces baies mucilagineuses qui ne font qu'augmenter la fermentation au préjudice de l'insecte, et la feuille se trouverait nécessairement plus nutritive par la raison qu'elle absorberait toute la sève dont partie sert à nourrir le fruit chez l'arbre femelle.

Le mûrier mâle et unisexuel est celui dont tous les chatons tombent une fois la fécondation opérée, sans porter de fruits. Le mûrier femelle, au contraire, est celui dont tous les chatons tombent après s'être transformés en fruits, et que ces fruits ont acquis toute leur maturité. Ces chatons en fleurs se trouvent plus nombreux du sexe masculin que du sexe féminin. Ils sont en forme d'épis ou de flocons ; ils se trouvent à la naissance des feuilles, attachées à la branche par un seul pédoncule qui les lie ensemble. Ils n'ont pas de pétales ; les fleurs mâles ont quatre étamines dans un calice en forme de quatre divisions ovales et concaves. Les feuilles ont deux pistils, terminés en pointe et plantés dans un calice de quatre petites divisions obtuses et presque rondes. Ces pistils sont plats sur un ovaire ovale qui se transforme en une baie que l'on appelle mûre. Ce fruit est savoureux et plaît au goût, quoiqu'un peu fade. Il se trouve composé à son tour d'autres petites baies, réunies à des calices et à des germes tuméfiés et adhérant à un pivot commun. Le volume de cette baie est à peu près égal à celui d'une olive ; sa couleur tire sur le violet, ou bien sur le rouge tendre ; quelquefois elle est noirâtre et le plus souvent blanche. Dans chacune des petites baies qui forme l'ensemble de la mûre se trouve renfermée une petite graine d'un ovale affilé. Les mûres, étant sucrées et fermentescibles, sont propres à donner une légère substance vineuse qui s'aigrit facilement et tourne à la suite des changements atmosphériques. On en fait aussi des sirops.

La feuille du mûrier a le privilége de n'être jamais attaquée par les chenilles communes ; tandis qu'il arrive souvent que des bois et même des forêts sont entièrement dépouillés au printemps et en été par ces animaux destructeurs. Le mûrier seul conserve ses feuilles intactes ; elles semblent réservées exclusivement à l'espèce de chenilles

pour laquelle la nature les a destinées. Cette prévoyance ne doit pas nous étonner en pensant qu'elles
forment le seul et unique aliment de cette précieuse
chenille.

On distingue dans la feuille du mûrier cinq substances principales : le parenchyme solide ou substance fibreuse, la substance colorante, l'eau, la
substance sucrée et la substance résineuse.

La substance fibreuse, la substance colorante et
l'eau, moins celle qui devient partie intégrante de
l'animal, ne sont pas proprement des substances
nutritives pour le ver-à-soie. La substance sucrée
est celle qui nourrit le ver, le fait croître et le convertit en substance animale. La substance résineuse
est celle qui, séparée et élaborée par l'organisme
animal, constitue la soie proprement dite ; or, de
toutes les variétés, celle dont les feuilles présentent sous un même poids une plus grande propor-
tion de principe alimentaire, le plus de substance
résineuse et le moins de parenchyme, est celle que
l'on doit généralement préférer.

Il ne faut pas se laisser séduire par le premier
coup-d'œil ; et l'on doit bien se garder de choisir
les feuilles d'après la vivacité de leur verdure, la
quantité de leur jus et d'après leur épaisseur. Ces
caractères sont souvent trompeurs ; ils charment
l'œil, mais, loin d'être utiles à l'insecte, ils lui sont

contraires et nuisibles. L'acheteur doit donc se fa-
miliariser avec les caractères qui indiquent une qualité de feuilles dont le ver-à-soie se nourrit facilement et profite, et qui, l'entretenant toujours en
bonne santé pendant toute sa vie, n'interrompt
pas l'élaboration de la soie. Il faut savoir choisir la
feuille, dont la substance n'est ni trop dense ni trop
aqueuse, dont la complexion n'est pas altérée,
dont le tissu végétal n'est ni grossier ni rude, et
dont l'épaisseur ne la rapproche pas de la consistance du bois. Par contre, il faut rejeter les feuilles
denses, juteuses ou rouillées, dures ou rudes au
toucher et d'une saveur fade. Je crois pouvoir citer ici un moyen de reconnaître la feuille soyeuse
de celle qui ne l'est pas, moyen facile et que chacun peut employer aisément. Voici comment s'exprime l'auteur de ce procédé dont je suis loin de
vouloir garantir toute l'efficacité :

« Le meilleur moyen de réussir dans l'art d'élever les vers-à-soie, c'est la connaissance de la valeur réelle de la feuille, connaissance d'autant plus
utile qu'elle nous met à même de savoir si nos vers,
étant bien conduits, pourront arriver à une heureuse fin, en se nourrissant du feuillage qui se
trouve à notre disposition. Avec cette connaissance,
si l'on acquiert la conviction que le feuillage n'est
pas du tout soyeux, nous l'abandonnerons au mû-

rier, et nous nous en procurerons un meilleur; avec
cette connaissance, toutes les fois que nous verrons
quelques vers de morts , nous ne serons plus dans
la crainte de perdre notre chambrée en entier ,
parce que nous saurons que la feuille qui ne contient pas de soie est vénéneuse et qu'il n'y a pas de
feuillage , si bon qu'il puisse être , qui soit exempt
de quelques feuilles mortelles. Tous les avantages
que le magnanier peut retirer de cette connaissance me font un devoir de faire connaître ici de
la manière que je l'ai acquise, afin qu'il puisse en
faire l'expérience et l'acquérir de même.

» Ayant mâché un peu d'une feuille par l'extrémité , je la pressai entre le pouce et l'index , et j'y
découvris une petite touffe de soie ; je fis la même
opération sur une autre feuille et je n'y en trouvai
point. Enfin, voulant m'instruire à fond sur cette
expérience , j'essayai une feuille bien luisante complètement exposée au soleil , et j'y reconnus abondamment de soie , tandis que celle de l'intérieur
de l'arbre , qui est toujours d'un vert foncé tirant
sur le noir , n'en offrait que très-peu et quelquefois
même pas du tout. Cela reconnu, ce serait un grand
bien pour nos vers, en même temps que pour nos
mûriers, de ne pas toucher à la feuille de l'intérieur
des arbres ; l'insecte ne mangerait jamais inutilement : tout ce qui passerait par son estomac serait

mis à profit, et les mûriers, se trouvant après la cueillette suffisamment de feuilles pour épancher leur sève, ne s'en porteraient que mieux.

» Je dois faire observer que, moins on humecte la feuille dans la bouche et que plus on la presse entre le pouce et l'index, mieux la soie se découvre. Mais, avant que la feuille soit arrivée à sa parfaite maturité, ce qui n'a lieu ordinairement dans nos contrées que dans la deuxième quinzaine de mai, la soie n'ayant acquis que peu de consistance, elle ne se découvre que difficilement par des filaments imperceptibles que l'on aperçoit en partageant la feuille tout doucement avec les doigts. Les côtes de la feuille, renfermant toujours une soie plus abondante, doivent attirer plus particulièrement les regards de l'observateur. »

Quoique je traite dans ce chapitre des considérations générales sur l'arbre qui donne la soie, je crois pouvoir me dispenser de citer ici toutes les races de mûriers, la plupart inconnues dans notre pays et par conséquent d'une inutilité absolue. J'en excepterai cependant le multicaulis, ou mûrier blanc des Philippines, dont nous parlerons plus tard. J'éviterai aussi l'énumération d'une foule de maladies que l'on donne au mûrier et que certains auteurs ont probablement imaginées; telles que la pleurésie, l'apoplexie, l'asphyxie, etc. Nous allons nous occuper d'un sujet bien plus sérieux : il s'agit de traiter de l'éducation du mûrier dans ses différentes phases. Nous ferons connaître successivement la nature du terrain qui convient à sa culture ; comment se renouvelle ce végétal, par le semis, la greffe, la marcotte ou la bouture, sa transplantation hors des pépinières, soit dans les pourrettiers, soit à demeure ; sa taille, ses assolements, et enfin la cueillette de la feuille.

CHAPITRE VI.

—

Terrains propres à la culture du Mûrier.

Les terres calcaires, sablonneuses, graveleuses, s'adaptent très-bien à la végétation du mûrier ; là il vit et croît régulièrement, il devient robuste, il étend ses racines avec facilité, il végète avec succès, il s'élève à la taille ordinaire, il étend pittoresquement ses branches, il développe d'excellents bourgeons et un très-bon feuillage, plein de substance alimentaire, agréable et utile. C'est dans ces terrains que prospèrent également les pépinières, les pourrettiers et les mûreraies.

Les terres grasses, argileuses, à poterie, lui sont contraires ; elles le vieillisent dans peu de temps, à cause des difficultés que les racines trouvent à se développer et à se ramifier. Le sol aquatique, marécageux ou humide, seconde parfaitement la végétation du mûrier, mais il produit un feuillage tellement grossier et juteux, qu'il boursoufle le corps du ver qui s'en nourrit, le rend malade et finit par le faire périr. Malgré tout cela, les expériences prouvent qu'en dernière analyse, toutes choses égales d'ailleurs, les qualités des terrains produisent une bien légère différence sur la qualité de la feuille, et la finesse de la soie doit être principalement attribuée au degré de température dans lequel le ver-à-soie a été élevé; néanmoins, il faut reconnaître que la semence de vers-à-soie, qui passe de la montagne dans la plaine, finit par s'abâtardir en n'utilisant qu'un feuillage gras et juteux. Avec de tels principes, la feuille peut même provoquer la jaunisse dans une magnanerie, par suite de l'abondance des miasmes qu'elle laisse échapper après la cueillette.

CHAPITRE VII.

—

Graine du Mûrier.

De toutes les manières de multiplier le mûrier, celle par le moyen de la graine doit être nécessairement préférée. Elle est du moins toujours la plus sûre ; elle vaut mieux que par boutures ou par marcottes, en ce sens que l'arbre qui provient du semis a acquis naturellement toutes ses racines, il est plus vivace et, par suite, moins exposé aux maladies et s'identifie mieux à la nature du sol. La graine dont on veut faire usage doit être prise sur des arbres parfaitement sains, ni trop jeunes ni trop vieux ; ils ne doivent pas être dépouillés de leur feuillage durant l'année où l'on veut en récolter les fruits ; ceux-ci auront acquis la parfaite maturité, et tomberont à terre en agitant légèrement les rameaux. Des toiles étendues sous les branches que l'on va secouer donneront la facilité de ramasser les mûres, ou bien on les prendra à terre au fur et à mesure qu'elles se détacheront naturellement.

Ensuite l'on écrase les mûres avec les mains dans un vase rempli d'eau, et lorsque la graine s'est détachée de la pulpe, on incline le vase de manière à laisser entraîner avec l'eau tous les débris qui surnagent, en laissant la graine seule au fond du vase. L'on renouvelle l'eau et l'on réitère ces lavages jusqu'à ce que la graine soit bien nette et bien épurée. On l'écoule ensuite dans un tamis et on l'étend sur un linge sans entassement, dans un endroit aéré et à l'ombre, afin qu'elle puisse sécher insensiblement et sans moisissure.

Dans l'ordre de la nature, c'est en octobre que devraient se faire les semis, au moment où le fruit, ayant acquis son degré de maturité parfaite, tombe à terre de lui-même. Mais la saison déjà avancée ou la nature du climat faisant craindre que les jeunes plants ne puissent prendre subitement assez de force pour résister à la rigueur de l'hiver, on ne sème ordinairement qu'au printemps suivant, dès que toute crainte de gelée a disparu. Nul doute, que sans cet inconvénient le semis avant l'automne ne fût préférable : il acquerrait de la force avant le printemps et gagnerait une année sur celui que l'on ferait à cette dernière époque.

Le moyen de conserver la graine jusqu'au printemps consiste à la mélanger avec du sable bien desséché, placé dans des vases en terre ou en grès, que l'on a soin de boucher hermétiquement et que l'on dépose dans un lieu frais, sec et à l'abri des gelées. De cette manière, la graine, ne se trouvant point exposée au contact immédiat de l'air, conserve sa fraîcheur et se trouve toute prête à la germination, lorsqu'on la répand en terre. Au bout d'une année, elle perd sa qualité germinative ou du moins elle lève difficilement.

Il y a des personnes qui, au lieu de déposer dans le sable la graine toute épurée, préfèrent y infuser les mûres entières. D'autres jettent les baies entières dans la terre; d'autres enfin frottent ces baies à une corde de jonquille, qu'ils ont soin d'enterrer dans un terrain déjà préparé, et qui sert de fumier à la semence. Ces dernières méthodes ont l'inconvénient de réunir sur le même lieu et en tas les jeunes pourrettes, de telle sorte qu'on se voit obligé d'enlever celles qui sont surnuméraires, ce qui ne peut avoir lieu sans ébranler la terre et sans causer un préjudice aux sujets que l'on veut conserver. D'un autre côté, si la terre ou la corde est trop humide, les graines y pourrissent promptement et les germes qu'elles renferment se trouvent détruits.

La terre destinée au semis doit se préparer avant

l'hiver ; elle sera excessivement friable sans être chargée de terreau ni d'engrais ; car il faut , pour avoir de beaux arbres, que les individus passent d'une terre maigre sur une terre grasse, ou du moins d'une terre grasse sur une autre qui le soit bien davantage.

Le semis se fait de tant de manières, qu'il serait trop long de vouloir les énumérer toutes ; il me suffira de dire que l'on jettera la graine çà et là et au hasard ; ou bien que l'on posera deux grains seulement dans chaque trou à une certaine distance l'un de l'autre. Dans le premier cas, il faudra avoir soin d'éclaircir les jeunes plants en laissant entr'eux un intervalle de deux à trois pouces ; dans le dernier cas, en ayant la précaution de distancer les grains de dix à douze pouces l'un de l'autre, on peut laisser les sujets en place pour la greffe et leur éviter la maladie de la transplantation. Cette dernière méthode paraît offrir de grands avantages sous le rapport de la vigueur et de la précocité.

Une once de graine, si elle a bonne réussite, peut donner seize mille plants.

Il est des agriculteurs qui recouvrent leur semis avec des paillassons, du fumier ou de la paille, jusqu'à ce que les graines commencent à pointer. D'autres font leur semis dans des caisses ou dans des vases exposés à une température favorable; il arrive alors que les sujets sont plus sensibles au froid et risquent davantage à être endommagés par les gelées.

A la première année, lorsque les semis ont été faits dans un bon sol, bien préparé, il se rencontre souvent des individus assez forts pour être greffés. Cependant la plus grande partie des plants est encore trop faible pour pouvoir subir cette opération; on doit alors les couper au printemps rez terre, pour qu'ils fournissent une tige plus forte et plus propre à recevoir la greffe. Afin de ne pas déranger les racines, on emploiera le sécateur dans ce recépage.

Lorsque les bourgeons du mûrier se développent, on en laisse un seul subsister sur le jeune plant, afin qu'il absorbe toute la sève dont les autres se seraient nourris. Cet ébourgeonnement doit avoir lieu avant la pousse des feuilles; plus tard on offenserait les tiges tendres et pleines de sucs. Le développement de ce bourgeon donnera de très-beaux jets, si l'on a soin de faire disparaître toutes les pousses latérales, au fur et à mesure d'apparition, et de ne conserver absolument que les feuilles. Les cultures et les arrosages devront être aussi fréquents que possible, selon que l'exigeront le climat et les saisons.

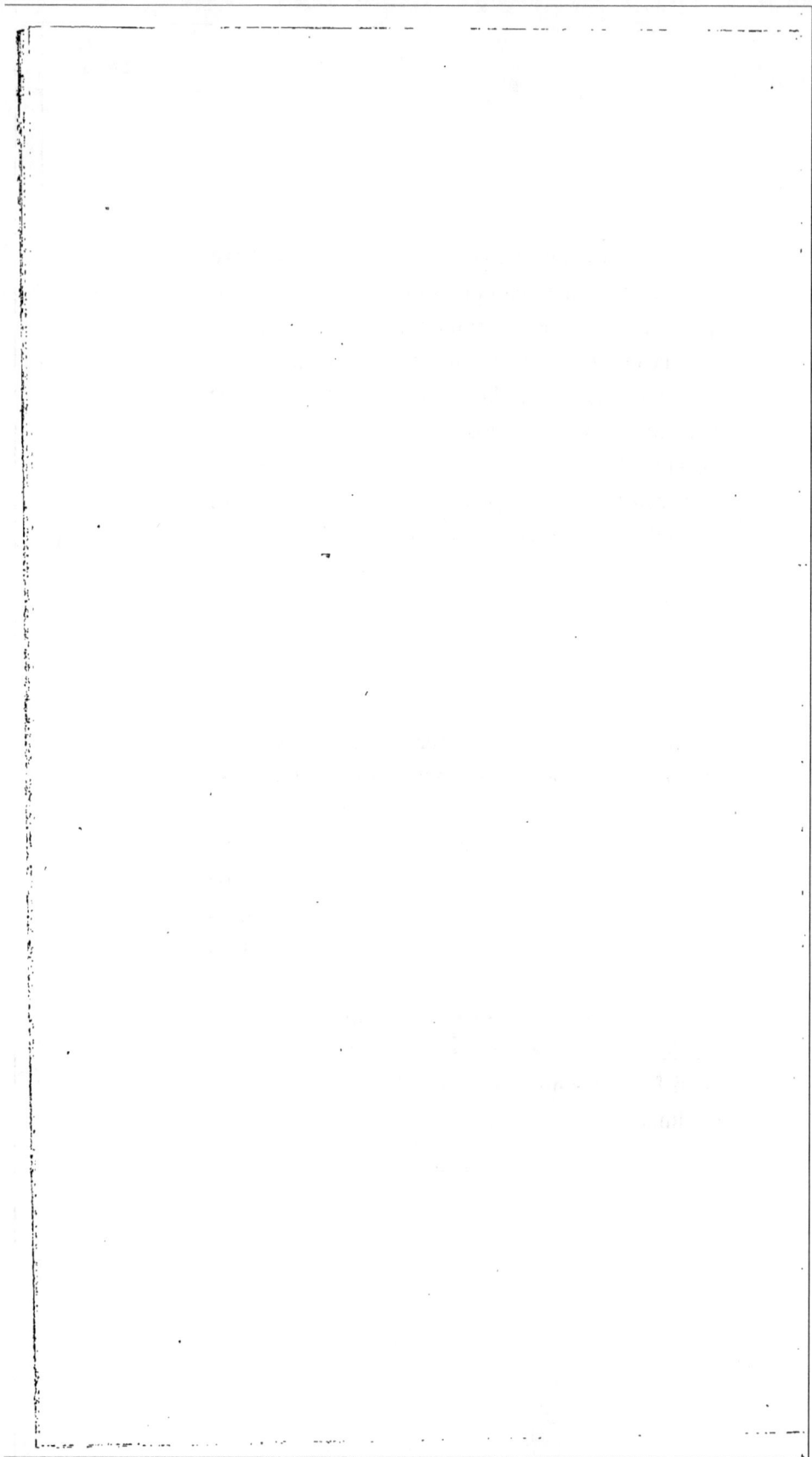

CHAPITRE VIII.

—

De la Greffe du Mûrier.

Une question divise encore les agronomes : savoir s'il est avantageux de greffer le mûrier ou de
conserver cet arbre dans son état primitif ; l'un et
l'autre de ces systèmes comptent des partisans parmi
les agriculteurs les plus éclairés. Néanmoins la majorité se prononce en faveur du mûrier greffé. Il
est prouvé que la feuille est plus abondante ; qu'elle
donne, à arbre égal, un produit du tiers à la
moitié en sus, quelquefois même du double ;
qu'elle offre moins de fruits que le sauvage et que
la cueillette en est plus facile et, par suite, moins
dispendieuse.

D'ailleurs, une fois reconnu qu'il est impossible
de reproduire et de multiplier par la voie du semis
un sujet quelconque sans qu'il n'éprouve de changement, il devient indispensable de recourir à

la greffe, toutes les fois qu'on voudra obtenir des arbres exactement semblables à la variété préférée.

Il convient néanmoins de ne pas manquer de choisir dans les pépinières les individus sauvageons qui présentent parfois une feuille aussi belle et même supérieure à celle de la variété qui les produit ; ils multiplieront par la greffe ces belles variétés fortuites qui doivent toujours être préférées.

De toutes les greffes, celle en flûte et celle en écusson sont les plus propres au mûrier ; la dernière est plus expéditive, mais la première s'adapte mieux au sujet, et les jets qu'elle émet sont moins exposés à être détruits par les coups de vent.

La greffe à la flûte s'opère en enlevant un anneau cortical d'un rameau, pour le substituer à un autre anneau qu'on a enlevé du sujet ; on le fixe ensuite par un lien d'écorce de l'arbre même, pour l'assujettir et le tenir frais en le préservant des rayons du soleil.

On obtiendra les anneaux destinés à la greffe, en coupant, au moment où les bourgeons commencent à gonfler par la sève, sur des mûriers en plein rapport, des scions garnis de beaux yeux peu écartés les uns des autres.

Pour les conserver, on les place dans une terre fraîche, humide et friable, à l'exposition du nord,

en ne laissant hors du sol que deux ou trois yeux.
Dès que le danger des gelées est passé, on les en
retire, et l'on fait les greffes en ayant soin de
choisir de beaux jours, la pluie et le vent étant
contraires au succès de l'opération.

La greffe en écusson se fait en enlevant un bouton avec son écorce lorsque l'arbre est en sève,
et en insérant ce bouton dans une entaille faite à
l'écorce du sujet. Quel que soit, au reste, le
procédé que l'on suive, le point essentiel est que
les deux libers s'unissent et se développent simultanément.

Les uns greffent dans le pourrettier, les autres
dans la pépinière, d'autres attendent que l'arbre
soit placé à demeure. Les uns greffent au pied, les
autres à la tête. La greffe au pied dans le pourrettier ou dans la pépinière me paraît préférable ;
l'arbre pousse avec plus de vigueur, la réussite
est plus sûre, et, en le transportant à demeure,
on est assuré d'un accroissement subit, sans inter-
ruption, ce qui procure toujours l'uniformité dans
la plantation. A ces avantages, il est opposé que
l'arbre greffé à la tête vit un plus grand nombre
d'années, que son tronc résiste mieux aux coups
qu'il peut recevoir des instruments aratoires.

S'il arrivait que les greffes ne réussissent pas par
les moyens indiqués, on peut, pour ne pas perdre

de temps, les renouveler à l'œil poussant ou à l'œil dormant, qui ne sont que la méthode de l'écusson, avec la différence que la greffe à l'œil poussant s'opère dans le mois de juin ou juillet avec le bouton en pleine sève, et que celle à l'œil dormant n'a lieu que fin août ou septembre, lorsque la sève commence à s'arrêter et que le bouton est devenu solide et dur. La dernière méthode est de beaucoup préférable, en ce sens que la greffe de juillet s'élance encore avec une certaine vigueur et risque à être contrariée ou tuée si les gelées arrivent subitement, tandis que celle de septembre, ne donnant sa pousse qu'au printemps suivant, se trouve à l'abri de toute gelée, et la sève, comprimée pendant tout l'hiver, ne s'élance qu'avec plus de force une fois que le mouvement est donné.

CHAPITRE IX.

—

De la Pépinière.

On choisira pour les pépinières un sol léger, médiocrement fertile, à l'abri des vents du Nord comme de tout autre vent local reconnu contraire à la végétation. On défoncera le terrain à deux ou trois pieds de profondeur, et, après en avoir extrait toutes plantes et racines, on y répandra du vieux fumier terrifié, s'il est possible. C'est sur ce terrain qu'on transplantera les jeunes mûriers venus de graine ; car, après deux années dans le semis, ils ont besoin d'un plus grand espace pour végéter. On enlèvera du semis d'abord les sujets greffés qui auront réussi, dans le cas que l'on fasse la greffe au pourretier, et, dans le cas contraire, on déplacera du semis tous les plants qui paraîtront assez robustes pour la transplantation à la pépinière. Pour éviter que l'opération de l'arrachis ne nuise à tous les plants qui avoisinent le sujet qu'on doit déplacer par l'ébranlement, on aura soin d'arroser fortement le terrain deux jours à l'avance, et alors on extraira avec la main les jeunes sujets, sans secousse, de la même manière qu'on arrache les radis.

La disposition la plus convenable à la pépinière pour que l'air, la lumière et la chaleur puissent y pénétrer et circuler librement, est de planter les arbres en quinconce à un mètre de distance les uns des autres. C'est cette disposition qui permet d'en placer un plus grand nombre dans des circonstances les plus égales et dans les meilleures conditions. En effet, à cette distance, les racines ne s'entrelacent point; elles n'affament pas le sol qui doit les nourrir, et l'on peut donner les cultures nécessaires et déraciner commodément les arbres lors de l'enlèvement. On ouvre de petites fosses de douze à quinze pouces dans tous les sens, pour y planter les pourrettes qu'on aura extirpées avec soin; on étale les racines dans la direction qui leur est la plus naturelle, sans qu'elles se confondent entr'elles; on les recouvre d'une terre excessivement friable, et l'on égalise le sol en comblant les fossés. L'on donne ensuite un léger arrosement au pied de chaque plante, afin d'entretenir la fraicheur convenable, et chausser la tige ainsi que les racines principales. Par ce moyen, l'air se trouve entièrement intercepté, et il ne peut jamais arriver jusqu'à elles.

Après cette transplantation, on recèpe rez terre les jeunes mûriers, et l'on fiche à côté de chaque pied la tige même que l'on vient de couper, pour désigner l'endroit où sont les jeunes plants.

Lorsque les jets se développent, on en laisse subsister un seul dont on détache les bourgeons avec le pouce, et, ce qui vaut mieux encore, avec la lame d'un canif, à mesure qu'ils apparaissent.

A l'aide de fréquents binages et sarclages, les jeunes plants pourront parvenir, dès la première année de leur entrée dans la pépinière, à la hauteur que le tronc doit conserver, et c'est au printemps suivant que l'on arrêtera cette hauteur, en prenant en considération la force de la tige et les localités où elle doit rester définitivement.

Dans un terrain médiocrement consacré aux mûriers, une tige d'un mètre quatre-vingts centimètres est suffisante. Dans un bon sol, destiné à la culture des céréales ou des pâturages, comme pour former une allée ou la bordure d'un chemin, une tige de deux mètres cinquante centimètres à deux mètres quatre-vingts centimètres devient nécessaire pour que la terre jouisse librement du soleil et de l'air, comme aussi pour ne pas nuire à la circulation des animaux de labour, ou au passage des voitures sur la voie publique.

A l'époque de la pousse, on ne conserve que deux ou trois bourgeons au sommet de la tige, les plus forts que l'on trouvera en sens opposé, et leurs jets, que l'on aura soin d'ébourgeonner à leur tour, formeront les branches-mères, ceci en opposition avec un auteur pépiniériste qui prétend que les jets ou brindilles latérales ne doivent se couper qu'un an après avoir arrêté la tête de l'arbre ; qu'elles se trouvent nécessaires à son accroissement et facilitent même le développement des nouvelles racines. « Pendant que le fluide séveux, dit-il, agit directement et détermine l'ascension du jet vertical, les jets latéraux hument et prennent dans l'atmosphère les fluides aériens propres à la végétation, les transmettant à la tige qui se charge du soin de les distribuer aux racines. C'est là que commence pour les végétaux cet échange merveilleux, ce phénomène admirable d'ascension et de rétroaction de sève, sans lequel nulle végétation n'est possible. » Malgré ce beau raisonnement que nous sommes loin de vouloir réfuter, et n'en déplaise à l'auteur, nous recommandons l'ébourgeonnement, mais un ébourgeonnement sévère, continuel, qui fasse disparaître à l'instant même tout ce qui se présentera, hors les bourgeons choisis pour former les branches, et, en agissant ainsi, l'on peut compter obtenir, dans deux ou trois ans, des sujets robustes et propres à être transplantés à demeure, tandis que ceux que l'on laisserait plus longtemps en pépinière seraient généralement d'une reprise difficile, végéteraient languissamment, et deviendraient même rabougris. Des taches blanches sur le tronc sont l'indice de cette caducité précoce.

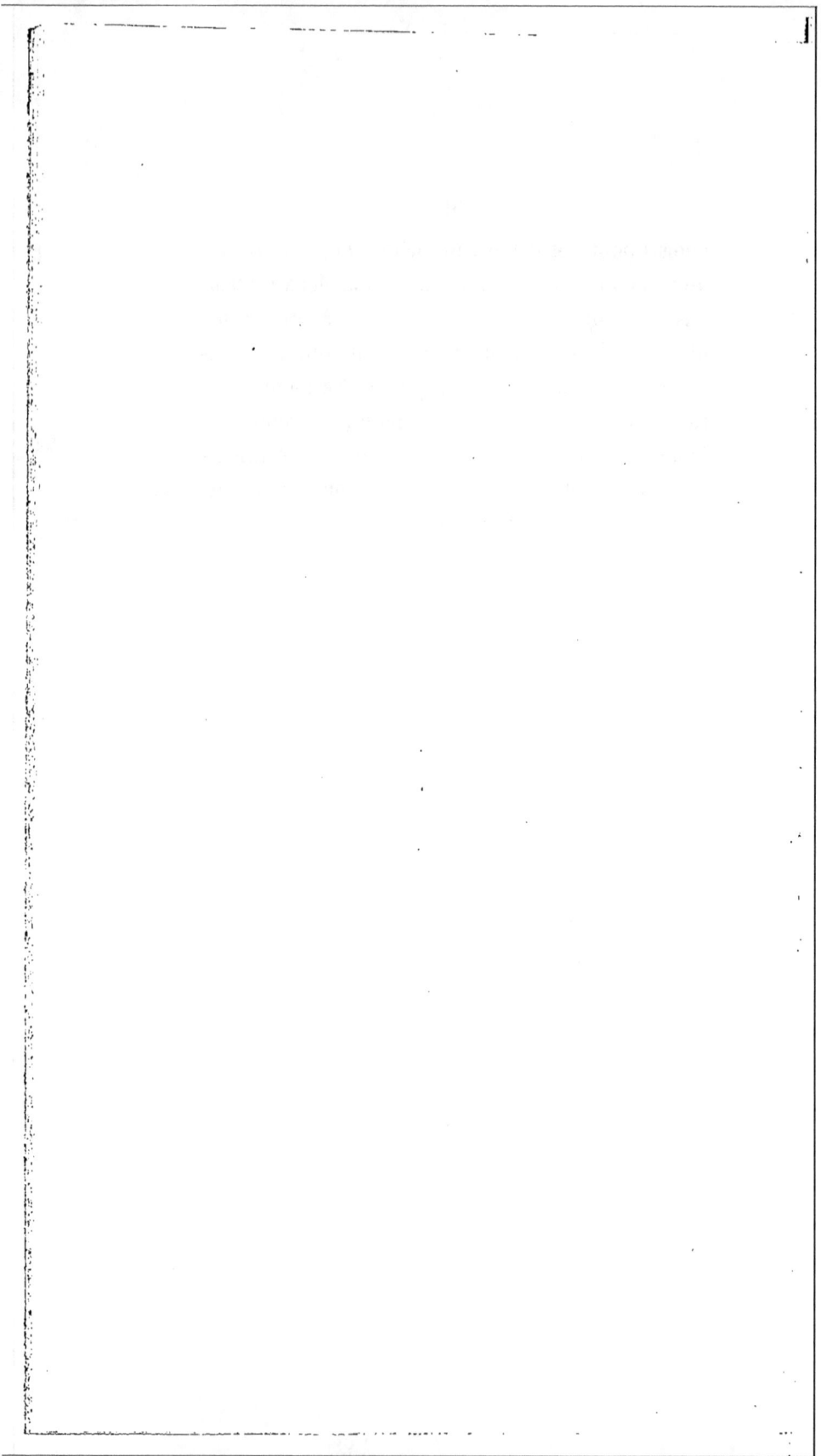

CHAPITRE X.

—

Des Plantations à demeure.

Le sol d'une plantation de mûriers doit être fortement remué, profondément défoncé, afin d'en extirper toutes les plantes et de le purger de toutes racines. Les trous, pour recevoir les arbres, seront pratiqués longtemps à l'avance, pour que leurs parois, s'imprégnant des bienfaits atmosphériques, en absorbent les principes fertilisants qui les entourent. Ces trous seront plus ou moins grands, selon la grosseur des pieds qu'on leur destine et selon la nature du sol. On les creuse généralement à deux mètres de diamètre sur cinquante centimètres de profondeur. L'espacement qu'on leur donne doit varier selon la qualité du terrain, c'est-à-dire qu'ils seront plus écartés dans un sol riche que dans un sol maigre. La durée et le bel effet des plantations dépendent en grande partie de leurs espacements. La distance qui doit séparer les

arbres peut être fixée à huit mètres dans les terrains de première classe, et à six mètres dans les
terrains médiocres. Les racines seront enterrées de
trente à quarante centimètres de profondeur ; plus
le terrain sera fort, moins le pied de l'arbre doit
être enfoncé. Dans les terrains légers et pierreux,
exposés à l'ardeur du soleil, on plante le mûrier
plus profondément, afin que les racines ne se
dessèchent pas; dans les terres froides et argileuses, on l'enterre moins, mais toujours à une
profondeur telle que les racines ne puissent pas
être atteintes par les instruments de labour.

Les racines souffrent autant de la sécheresse
que de l'excès d'humidité ; trop près de la superficie du terrain, l'arbre peut être renversé par le
vent; les grandes sécheresses ou les fortes gelées
peuvent atteindre ses racines et les faire périr ;
planté trop profondément, les racines, ne touchant
pas à la meilleure terre qui se trouve toujours à
la surface, se développent plus difficilement ; elles
sont privées de l'influence de la chaleur de l'air et
des pluies. Il faut donc, autant qu'il se peut, éviter
ce double écueil, en bien appréciant la nature du
sol et faisant la plantation en conséquence.

Dans les bons terrains on a toujours à se repen-
tir d'avoir planté les pieds trop rapprochés, et les
racines trop bas.

En creusant les trous, il faut avoir soin de jeter sur les bords, d'un côté, la couche supérieure du terrain ; de l'autre, la terre de la couche inférieure.

La première, plus fertilisée, servira, après avoir été bien brisée, à recouvrir les racines ; par la dernière, on finira de combler les trous, en ayant soin de jeter auparavant entre les deux une légère couche de fumier. L'on doit utiliser de préférence l'engrais végétal dans cette occasion, tel que celui produit par les feuilles de mûrier, du buis et autres feuillages semblables. S'il était même possible que la décomposition des végétaux se fît dans les trous mêmes, l'engrais n'en serait que plus puissant et plus efficace ; car, son effet ne se produisant que par absorption et émanation, celui-là produira d'autant plus d'effet sur les grands végétaux, qu'il fournira ses émanations à propos, et au fur et à mesure des besoins du végétal qui l'avoisine.

Les plantations de mûriers ont lieu en automne et au printemps, mais principalement à cette dernière époque.

Avant de planter le mûrier, il convient de régler la profondeur du trou sur la disposition des racines de l'arbre ; on y jettera de la terre, si l'on juge qu'il est trop bas, ou bien l'on remuera simplement le fond , s'il se trouve à une profondeur convenable.

On enlève le mûrier de la pépinière en faisant une fouille assez profonde pour dégager toutes les racines sans les endommager. Il doit se mettre en place immédiatement après avoir été arraché , et , s'il y avait impossibilité de le faire, il faudrait alors le recouvrir de terre jusqu'au moment qu'on pourrait le planter.

Au moment de les enfouir , les racines du plant doivent être *rafraîchies* , en coupant avec la serpette toutes celles qui paraîtront desséchées ou mutilées. La tige posera perpendiculairement dans le trou , en offrant au nord le coude ou la bosse formée par la greffe , afin de présenter une plus grande résistance aux vents furieux qui nous arrivent de ce point ; les racines seront distancées de telle manière , qu'elles ne seront jamais amoncelées , et qu'éparpillées dans tous les sens , elles se trouveront toujours inclinées vers le fond du trou.

Il est d'usage chez beaucoup d'agriculteurs , et principalement dans les Cevennes, de ne planter dans leurs champs que des mûriers sauvageons , dont on supprime la tête en totalité pour leur faire pousser de nouvelles branches sur lesquelles on opère la greffe. Cette méthode paraît être tout-à-fait contraire aux intérêts du propriétaire, parce que, la greffe pouvant ne pas réussir sur chaque individu, les plantations se trouvent inégales, et, par suite du renouvellement de l'opération, l'on éprouve une perte de temps et un retard dans le produit de l'arbre, et, ce qui est bien plus considérable, c'est que le végétal en souffre nécessairement et finit même parfois par y laisser la vie.

Comme nous l'avons déjà dit, il vaut mieux planter des arbres greffés, dont on coupe les branches à deux bourgeons rez du tronc, pour former la tête.

Les cultivateurs qui auront chez eux leur pépinière s'en trouveront toujours bien : ils auront l'avantage d'utiliser des sujets déjà acclimatés au sol de leurs domaines ; ils n'arracheront chaque jour que les arbres qu'ils peuvent planter. On profitera des moments favorables que la saison peut présenter pour la plantation, et l'arrachis se fera avec toutes les précautions voulues. Faudra-t-il remplacer un sujet, l'on sait de suite où le prendre, et celui qu'il convient ; en un mot, les avantages en sont incalculables.

Je me permettrai de faire observer que, depuis fort longtemps, le midi de la France se trouve sous l'influence de la sècheresse ; que, dans ce cas, il convient de faire, durant la saison des chaleurs, de fréquents arosages dont les effets sont magiques sur les jeunes plants. On obtiendra avec l'eau et la chaleur des jets extraordinaires ; tandis que, si l'on a le malheur de fumer par un temps semblable, l'on obtient tout juste l'effet inverse de celui qu'on attendait, c'est-à-dire que le fumier produit à l'intérieur tout le mal que produisent les rayons du soleil sur la superficie du sol. Oui, dans nos contrées méridionales, nous avons les engrais dans nos puits, et, au lieu d'aller chercher à grands frais dans les marais et bien loin les roseaux qui ruinent notre caisse agricole, plaçons des tonneaux sur nos charrettes, disposons nos plantations de telle sorte qu'on puisse les parcourir avec facilité, et arrosons nos arbres aussi souvent que possible : la feuille ne nous manquera pas.

CHAPITRE XI.

—

Direction du Mûrier pendant les premières années de sa plantation à demeure.

TAILLE ET CULTURE.

L'action vitale des plantes donne à la sève du printemps un mouvement d'ascension qui agit avec force vers leurs extrémités supérieures ; là, se trouvant arrêtée, la sève gonfle les boutons et en détermine le développement. C'est sous l'influence de cette loi de la nature que nous allons revoir nos jeunes plants que nous avons laissés dans le précédent chapitre, placés à demeure sur un embranchement à deux bourgeons.

Actuellement, il faut avoir soin, dès que la végétation s'annoncera, de ne laisser pousser que cinq à six bourgeons aux extrémités de l'arbre. Toutes les autres pousses seront déclarées superflues, et enlevées comme telles, au fur et à mesure d'apparition, tant le long de la tige que sur la tête du végétal. Les cinq à six jets qui seront choisis devront se trouver dans les meilleures conditions, propres à former un bel et bon embranchement, et lorsqu'ils auront pris assez de force pour résister à un coup de vent, on en détachera avec la serpette deux d'entr'eux, pour laisser aux trois ou quatre restants l'absorption entière de la sève, afin qu'ils acquièrent plus de vigueur dans le courant de la première année.

On aura soin encore, en donnant la première œuvre, de poser autour de la tige une bonne couche de paille ou de poussière de blé, légèrement recouverte de terre, avec un fort arrosage. Cette précaution suffira pour conserver au végétal une longue fraîcheur sur ses racines, et, par suite, activera son développement en fournissant un bois long et robuste.

La terre devra toujours être friable, au moyen de fréquents labours, et les plantes parasites rigoureusement extirpées, afin de laisser à la disposition de l'arbre tous les principes alimentaires du sol.

A la seconde année, on déchausse l'arbre à l'entrée du printemps, afin d'extirper toutes les racines qui se trouvent près de la superficie de la terre, de manière que les racines inférieures acquièrent plus de force et se trouvent toutes à l'abri des fortes gelées, des chaleurs excessives, comme des atteintes de la charrue ou de tout autre instrument aratoire.

Les racines doivent être placées de telle sorte, qu'elles doivent ressentir les influences de l'atmosphère sans y être immédiatement exposées.

Avant que la végétation soit en élan, l'on réduira à deux ou trois au plus les branches que l'on avait laissées pour former la tête de l'arbre. On choisira, toujours dans les mêmes prévisions, les branches que l'on doit conserver; c'est-à-dire qu'elles devront se prêter par leur disposition à donner une bonne conformation à l'arbre; elles seront vigoureuses et saines, aussi égales entr'elles que possible et également espacées; elles formeront avec la tige de l'arbre un angle de quarante-cinq degrés; une direction plus verticale resserrerait trop la tête du végétal; plus horizontale, l'arbre s'affaisserait sous le poids du branchage qui toucherait bientôt à terre, et ensuite la sève ne se répandrait pas également, se jetant de préférence dans les canaux verticalement placés.

Deux mères-branches sont préférables à quatre et à trois. Elles évitent la formation d'une cavité sur la cime du tronc, à la naissance de l'embranchement, qui, retenant les eaux pluviales mêlées à la poussière et à la décoction de l'écorce, forme un fumier si corrosif, qu'il finit par ronger le bois, porte un grand préjudice au végétal et va même parfois jusqu'à lui procurer la mort. Ce cancer pourrit les mères-branches, elles s'affaissent sous leur propre poids, manquent par leur base et s'écharpent par elles-mêmes.

Malgré cet inconvénient grave, dont les résultats fâcheux ne sont un doute pour personne, il est à remarquer que, dans la majorité des plantations, le branchage de l'arbre repose sur quatre branches ou au moins sur trois. Ainsi cambré, le végétal est d'un aspect plus agréable à la vue; sur deux jets, il est d'une apparence grêle, et si par malheur le vent ou tout autre accident en déchirait un, il faudrait recommencer la formation de la tête qu'on ne pourrait placer que sur le jet conservé que l'on considérerait alors comme un prolongement de la tige.

Ces dangers sont réellement sérieux; mais, en vue de leur éventualité qui paraît peu probable, ou du moins fort rare, leur importance disparaît devant les désastres si nombreux occasionnés par le chancre dont nous venons de parler.

On taillera ces deux ou trois branches de vingt à trente centimètres de longueur, selon que la pousse offrira plus ou moins de consistance. Dans les premières années ne craignez pas d'élancer le

branchage tant que vous trouverez de la résistance
dans les pousses ; un arbre taillé à bois raccourci
finit par devenir rabougri ; des bosses , des nœuds,
des moignons se forment à l'endroit de la taille ;
la sève arrêtée , perdue dans ces différentes sinuosités, se multipliant à l'infini, se subdivise tellement
qu'elle ne produit plus que des brindilles de si peu
d'importance , que, forcés d'arracher les feuilles
pour ainsi dire une à une , les frais de la cueillette
dépassent la valeur de la récolte. L'on continuera
l'ébourgeonnement aux branches conservées , toujours de la même manière que nous avons déjà
indiquée, en ne laissant pousser que deux ou trois
jets à chaque branche et en dehors ; ceux qui se
dirigeront vers le centre de l'arbre seront soigneusement supprimés , afin de donner au mûrier une
forme évasée qui aura pour effet d'exposer également tout le feuillage à l'action bienfaisante des
rayons du soleil.

Des cultivateurs laissent le jeune mûrier sans
tailler pendant les deux ou trois premières années.
Cet usage est on ne peut plus funeste au végétal
dont les maladies et les difformités ne proviennent le
plus souvent que des fortes incisions qu'il éprouve
par l'enlèvement de ses branches parvenues déjà
à des dimensions considérables.

A la troisième année, on continue à donner de

8

fréquents labours ; l'on fume le terrain légèrement,
mais en recouvrant en totalité la superficie du sol.
En agissant ainsi, les racines n'en sont jamais trop
vivement frappées ; toute la terre qui les recouvre
et celle dans laquelle elles percent continuellement
reçoivent également les sels de l'engrais ; la couche
superficielle du sol n'en devient que plus souple,
plus friable, et, par suite, les effets de la sècheresse
se trouvent paralysés.

A cet âge, on doit commencer à former une tête
régulière qui permette de laisser arriver également
à tout son feuillage les bienfaits des rayons du soleil, comme tous les agents atmosphériques de la
végétation. On enlèvera les rameaux qui s'entre-
nuisent, se confondent, se choquent ; tous ceux
dont la direction contrarie l'évasement du végétal
et se projettent vers son intérieur ; après, on écourtera les rameaux conservés à quatre ou à huit
bourgeons, selon leur force, et l'on donnera à l'arbre une forme quasi sphérique.

Tous les agronomes s'accordent en ceci : que les
plantes se nourrissent non-seulement par les racines, mais encore par le secours des feuilles qui absorbent des principes aériformes nutritifs, qu'elles
transmettent aux parties ligneuses ; en sorte qu'un
des moyens les plus propres à faire prendre au
mûrier tout le développement dont il est suscepti-

ble, c'est de cueillir sa feuille aussi tard que cela
se peut. Quelques auteurs conseillent même de ne
pas faire la première récolte avant la sixième année. Ils prétendent que, dans ce cas, les premières
cueillettes dédommagent largement des pertes pri
mitives, par la richesse et l'abondance du feuillage
qu'elles présentent. Quant à moi, je n'ai jamais attendu un délai aussi long pour effeuiller mes arbres, et je me suis toujours servi de la troisième
feuille pour nourrir mes insectes; mais voici comment :

Quand la végétation commence à faire développer les bourgeons, et que la naissance des vers
arrive, je taille mes jeunes arbres en vert, au fur
et à mesure des besoins, pour alimenter mes insectes. J'opère cette taille, comme d'habitude, sans
avoir égard au feuillage; je cueille la feuille sur
les rameaux détachés, et j'ébourgeonne ensuite
les branches que je conserve en ramassant les bourgeons inférieurs, ne laissant subsister que les quelques-uns qui paraissent nécessaires à la bonne conformation de l'arbre. De cette manière, j'évite la
répercussion comme l'épanchement de la sève ; les
pousses existantes l'absorbent totalement; elles deviennent très-vigoureuses, et c'est tout au plus si
l'on peut reconnaître à la fin de l'année si la feuille
de ces arbres a été utilisée. D'un autre côté, ces

bourgeons offrent un grand avantage pour le commencement de l'éducation ; ils se trouvent en parfaite harmonie avec les jeunes insectes ; ils sont précoces, tendres et succulents.

Je dois faire observer à cet égard qu'il faut avoir soin de faire la feuille immédiatement après que la branche est détachée de l'arbre ; car il est certain pour moi que ces feuilles se fanent plus vite que celles que l'on trouve entièrement séparées des rameaux, surtout si le soleil darde avec vigueur, ou si le vent souffle avec violence, ce qui est assez ordinaire dans cette saison. Je m'explique ce phénomène par la rétroactivité de la sève : la branche détachée, ne recevant plus d'aliment de la tige, et soit par les pertes qu'elle a éprouvées, soit que le liquide dirigé vers les feuilles, de passage par son canal, se trouve insuffisant à son alimentation habituelle, elle remplit les réservoirs en s'appropriant, par l'effet du siphon, les sucs qui venaient d'entrer dans les divers canaux de la feuille. Partant de ce principe et de cette vérité, il est utile d'enlever, lors de la cueillette ordinaire, toutes les brindilles auxquelles se trouvent attachées des feuilles, afin que celles-ci ne se flétrissent promptement, ne cessent d'être croquantes et par conséquent moins mangeables.

A la quatrième année comme dans les suivantes,

les champs de mûrier doivent recevoir de fréquents
labours, et si l'on veut retirer de la terre un double
produit, on ne doit l'ensemencer que de plantes
fourragères qui croissent avec vitesse et sont toujours fauchées en herbe et de bonne heure, telles
que l'orge, l'avoine, le seigle, etc. Mais, dans ce
cas, on doit fumer tous les deux ans, ou, pour le
moins, une fois chaque trois ans, en couvrant d'engrais toute la surface du sol, que l'on travaillera
immédiatement après l'enlèvement des fourrages ;
par ce moyen, la terre ne sera ni épuisée, ni même
fatiguée, et les mûriers n'éprouveront qu'un bien
léger préjudice de ce genre de culture.

En ensemençant les champs en août, ils offrent
de bons et puissants pâturages pour les troupeaux
de bêtes à laine, depuis le 1er décembre jusqu'au
15 février ; à partir de cette époque une seconde
récolte apparaît, et, la saison aidant, la faulx fait
tomber en avril ces nouvelles herbes qui vont remplir les greniers. Tout cela n'empêche pas de
cueillir la feuille pour élever les vers-à-soie dans le
printemps et de ramasser encore en automne le
regain de ces mêmes arbres pour les donner soit
aux bêtes à laine, soit aux bêtes de trait ; on le
voit, les produits de ces champs sont immenses.

Voici le rendement d'un demi-hectare de terre,
première classe, complantée de mûriers à haute

tige, à la distance trop rapprochée de six mètres ,
et arrivant actuellement à leur neuvième année :

Dépaissance du champ ensemencé d'orge, depuis
le 1er décembre jusqu'au 1er février..   100 f. 00

   60 quintaux de fourrage vendu
2 francs, les 50 kil..............   120 00

   4,200 kilog. de feuilles, provenant
de cent quarante mûriers, à raison de
9 francs les 100 kil..............   420 00
                            640 00

Vente du regain................   20 00

Frais......................   660 00
Contributions foncières.. 12 50
Labour soit de la charrue,
soit des semailles........ 25 00
Fumier annuellement.... 50 00   115 00
Semence du grain...... 10 00
Pour faucher le fourrage.   5 00
Taille des mûriers...... 12 50

      Revenu net.............   545 f. 00

La valeur de cette propriété étant estimée à
3,500 francs, il en résulte un intérêt de plus de
15 p. 0/0 avec l'espoir de voir doubler les produits sérigènes.

On ne saurait donc trop recommander ce genre

de culture, après des avantages si considérables.

On continuera la taille comme il a été dit dans l'âge précédent ; c'est-à dire qu'on retranchera les branches qui paraîtront en désordre, celles qui seront malades, faibles, rompues ou se dirigeant vers le centre de l'arbre ; que l'on écourtera celles que l'on jugera devoir rester en place, propres à donner au végétal une tête bien étayée, sous la forme d'un grand oranger évasé en dedans et arrondi en dehors. Cette taille aura lieu en février, si l'on ne doit pas faire la feuille ; dans le cas contraire, immédiatement après la cueillette. Mais, autant qu'on le pourra, je recommande de tailler les jeunes mûriers en vert, avec les rameaux, pour alimenter les chenilles à leur naissance. Cette méthode a des avantages immenses : les bourgeons que l'on laisse ne s'arrêtent pas une fois en élan, et c'est tout au plus si l'on s'aperçoit que l'arbre a été taillé après la récolte. En établissant un point de comparaison entre deux mûriers, l'un taillé de cette manière, et l'autre après la cueillette totale, l'on jugera de la différence et l'on sera très-certainement convaincu. Malheureusement, en opérant ainsi, on ne peut agir que sur des arbres jeunes, ou dans des propriétés de peu d'importance. Cette manière de tailler offre de si grands avantages que je ne saurais trop la recommander. Il me semble, que les petits propriétaires qui font leurs travaux par eux-mêmes pourraient sans inconvénient user de ce procédé sur tous leurs arbres durant les trois premiers âges des vers.

Nous avons déjà dit que la taille doit couper les branches à une longueur déterminée par la vigueur de l'arbre ; que toutes les fois que l'arbre serait jeune et vigoureux, il devait être taillé à longs jets ; car le développement du branchage attire dans la tige une quantité de sève beaucoup plus considérable ; l'arbre grossit bien plus vite, et se développe avec plus de majesté. Cependant si l'on s'apercevait que l'arbre ne lance pas des jets aussi puissants d'une année à l'autre, qu'il décline, on raccourcirait la taille jusqu'à rogner la pousse de l'année à un seul bourgeon ; si malgré cela, l'état du mûrier périclitait, on le taillerait alors sur le bois vieux ; si enfin ces retranchements étaient inefficaces, oh ! alors, aux grands maux les grands remèdes : il faudrait étêter l'arbre rez du tronc, et, pour faire revivre le végétal en décadence, il convient de bien cultiver son pied, et surtout de le fumer fortement. On ne doit recourir à ces moyens extrêmes, qu'après avoir suivi la progression indiquée ; car, le plus souvent, ce sont des bouillons que l'on donne à un mort, et sur vingt arbres vous en sauverez cinq à six, et même en-

core en les faisant revivre, on ne les rajeunit
jamais, et l'on ne fait que retarder leur fin de
quelques années. Dans cette position désespérée,
certaines personnes coupent le tronc rez terre
pour en retirer nombre de plançons qu'ils ont soin
de recouvrir avec du terreau pour leur fournir
des racines, afin de pouvoir les transplanter
ailleurs.

Lorsqu'un mûrier meurt, surtout s'il est vieux,
il convient d'attendre quelques années pour le
remplacer ; il faut même enlever totalement la
terre qui entourait ses racines, la remplacer par
une terre vierge et bien fumer l'emplacement. Il y
a des cultivateurs qui font brûler dans le trou plusieurs fagots de broussailles ; d'autres brûlent la
terre par des fourneaux, et tous reconnaissent
que, si l'on ne prend de grandes précautions, le
nouveau plant ne fera que végéter ; il ne donnera
jamais de produits satisfaisants, le sel propre à
son alimentation ayant totalement disparu.

La taille a nécessairement une grande influence
sur la quantité et la qualité du feuillage, comme
aussi sur la durée du végétal. C'est surtout dans
les premières années que l'on récolte la feuille,
que la plantation à peine formée exige qu'on opère
avec une grande circonspection. Le cultivateur
doit faire en sorte que les branches de l'arbre se

subdivisent graduellement, et qu'une distribution égale de sève établisse un parfait équilibre dans toutes les parties du branchage.

Les règles fondamentales de la taille se résument ainsi :

1° Décharger le mûrier des branches mortes, et de celles endommagées par les travaux de la cueillette ou des labours ;

2° Enlever les branches d'une végétation trop faible, comme celles qui, déviant de l'angle de 45 degrés, se projettent vers les racines ou vers le centre de l'arbre ;

3° Arrêter celles d'une végétation trop forte ; les enlever, s'il le faut ;

4° Empêcher l'arbre de s'élever ou de s'étendre outre mesure ;

5° Raccourcir les branches qui s'opposent à l'évasement de l'arbre, et remettre en place celles que le cueilleur ou le laboureur auraient pu faire dévier.

Cette opération se fera chaque année après la cueillette, ou au mois de février, selon que l'arbre aura été classé ou non pour l'assolement. A propos d'assolement, je dois dire qu'une nouvelle méthode vient d'être mise à jour. Elle consiste à diviser son domaine en trois parties, et à ne tailler les arbres que de trois en trois ans ;

le végétal s'en trouve beaucoup mieux que par la taille annuelle, et le feuillage n'en est pas moins abondant. Beaucoup de personnes disent du bien de ce procédé ; quant à moi, je ne puis en parler sciemment, ne l'ayant pas mis en pratique ; je n'en parle donc que comme citation. L'agriculteur savant et sage dirigera prudemment le mûrier, soit en ne s'opposant pas trop à son accroissement naturel ; soit en ne l'abandonnant pas non plus à toute sa force végétative. Il aura toujours en vue l'abondance et la qualité des feuilles, la conservation de l'arbre, ainsi que la commodité et la sécurité des ouvriers pour les travaux de la cueillette des feuilles et du labour.

La durée normale du mûrier est indéterminée d'une manière précise ; mais, avec des soins assidus, une bonne culture et une taille raisonnée, l'on peut prolonger sa vie bien avant ; tandis qu'il est bien difficile d'en arrêter le dépérissement, une fois que l'arbre est en décadence par le fait de l'agriculteur.

CHAPITRE XII.

—

Des haies de Mûriers.

Le mûrier, et principalement le mûrier sauvageon, se prête beaucoup à la formation de la haie; il réunit dans cet emploi l'agréable à l'utile. Un mur de mûriers a toujours un aspect flatteur, l'œil en est satisfait, le champ-clos est bien défendu, les produits en sont considérables et précoces, et permettent de commencer l'éducation des vers de très-bonne heure, et de donner aux grands arbres tout le temps de déployer leur feuillage.

Pour former une haie vive en mûriers, il faut planter en ligne de jeunes pourrettes sauvageons, à cinquante centimètres de distance, et à peu de profondeur, en ayant soin de les récéper à quinze ou vingt centimètres de terre, ne laissant subsister que les deux yeux des extrémités, placés en sens inverse dans la direction de la haie, qui devront

fournir deux branches vigoureuses sur chaque tige
à la première pousse. Au printemps prochain, la
taille aura lieu de telle sorte que les branches
de vis-à-vis devront se marier autant que possible
et s'entremêler même.

La sève se trouvant excessivement forte pour ces
plants à basses tiges, on récoltera à la troisième
pousse et l'on taillera immédiatement après la
cueillette. Par suite de cette taille précoce et de
cette abondance de sève, le végétal est subitement
recouvert de feuillage que l'on peut utiliser dans
un besoin, dans la même année, une seconde fois
vers la fin de l'éducation. A l'aide de cette précocité, l'on pourrait même commencer une seconde
récolte, si l'on se trouvait du feuillage de reste et
que la première récolte n'eût pas bien réussi. Les
années de 1849 et de 1850, dans lesquelles la récolte a été retardée au moins d'un mois, par suite
des gelées blanches d'avril, nous donnent la certitude de cette possibilité, avec d'autant plus de chances de réussite, que les feuilles auraient un avantage
sur celles de ces années, attendu qu'elles auraient
leur consistance naturelle, ne provenant pas du regain, sauf celles des haies vives que l'on ferait pour
la seconde fois, mais qui ne s'utiliseraient que durant les premiers âges.

Les propriétaires qui désireraient donner une

défense impénétrable à leur champ n'auraient qu'à doubler le rang des pourrettes, c'est-à-dire qu'à planter une seconde enfilade de plançons parallèle à la première, à cinquante centimètres l'un de l'autre et vis-à-vis les intermittences. Cette haie aurait alors toute la force d'un mur.

L'on peut encore disposer les mûriers le long d'un mur en forme d'espaliers. Ces plants, exposés au midi en forme d'éventails, recevront continuellement les rayons du soleil, dont les effets se trouveront d'autant plus puissants qu'ils seront concentrés et reflétés par cette barrière solide. Ils auront donc encore des pousses plus précoces que les haies et se prêteront plus avantageusement aux combinaisons dont nous venons de parler.

Ces sortes de plantations favorisent tellement l'éducation des vers-à-soie que nous ne saurions trop les recommander. Il faut nécessairement que chaque propriétaire ait ses haies; car, à part tous les avantages de la précocité, elles procurent aux insectes une nourriture très-appropriée aux premiers âges.

Si la haie se dégarnissait par la mortalité des plants, on remplirait ce vide en couchant en terre des branches favorables qu'on aurait soin de faire ressortir par leur extrémité; cette marcotte formerait le nouveau pied qu'on dirigerait dès les premières années de la même manière que la plante-mère.

DES TAILLIS ET DU MURIER MULTICAULE.

Les taillis, comme les mûriers en haie, offrent une grande ressource pour l'éducation des vers-à-soie : prompte jouissance des produits, abondance de feuilles, précocité, emploi de terrains légers, tout cela doit nécessairement être pris en considération. Les taillis ne sont que des massifs de petits mûriers récépés rez terre, dont la souche donne des jets annuellement jusqu'à deux mètres de hauteur et plus.

Ces pousses doivent être rognées à fleur de terre après la troisième année ; mais de telle sorte qu'il ne se trouvera qu'un tiers de la plantation dans cette catégorie, et même encore on doit faire attention de ne les couper que çà et là, afin que le vide qu'ils procureront par leurs branches détachées donne de l'aisance aux plants voisins, qui seront coupés à leur tour, l'année suivante, pour faire place aux nouvelles pousses tout récemment taillées, et ainsi de suite alternativement. Au moyen de ces assolements, on donne à la plantation une aisance plus considérable ; son feuillage se trouve mieux exposé au soleil, mieux disposé pour sucer tous les principes nutritifs aériformes, et cela sans en diminuer le nombre de pieds.

On peut encore, et c'est le mode que nous conseillons, placer ces plançons à cinquante centimètres de distance l'un de l'autre, en rangs parallèles distancés de un mètre, ce qui facilitera la culture du terrain. On donnera les cultures comme on le fait pour les chicots d'aliziers destinés à la formation des fourches et des ételles pour les colliers des chevaux, ou bien comme on cultive l'osier.

Je dois faire observer qu'ayant promis de parler du mûrier multicaule, ou mûrier des Philippines, je pense que c'est ici qu'il doit trouver place, ce végétal; par son espèce, se prêtant fort à ce genre de culture.

Cependant, dans ces contrées, il ne saurait être utilisé comme grand végétal, mais seulement comme arbuste, ce qui, je le répète, prête fort aux taillis.

Ce mûrier, nouvellement importé en Europe par M. Perrottes, ne peut recevoir la même direction, ne peut avoir la même utilité que dans les pays où il se trouve indigène. Dans l'Inde, par exemple, on le sème au printemps et l'on fauche ces prairies au fur et à mesure de besoins, pour alimenter les

9

chenilles. La végétation se trouvant très-active, l'on fauche de nouveau, pour une seconde, une troisième et quatrième récolte. Mais ici, n'ayant en vue qu'une récolte, cela ne saurait nous convénir. D'ailleurs, les herbes qui croîtraient dans ces champs, malgré les fréquents sarclages, pourraient bien empoisonner ou du moins contrarier les vers-à-soie. On ne doit donc chercher à l'utiliser que pour des taillis, formés en massifs, ou plantés en rang comme nous l'avons indiqué.

Je dois faire observer en terminant, que cette espèce de mûriers n'a pas eu tout l'avantage que l'on pensait en retirer d'abord ; sa feuille excessivement mince se trouve sans consistance, elle flétrit promptement, et , dès qu'elle est détachée de l'arbre, elle doit se servir sur les claies immédiatement. Si on la laisse se faner , elle cesse d'être croquante ; les scies de la mâchoire de l'insecte ne fonctionnent plus avec aisance, il la salit en y rampant dessus et la délaisse ensuite.

Ce végétal donne peu de fruits : c'est bien un avantage pour la feuille ; mais ses graines ou baies se trouvent fort rares ; aussi se reproduit-il rarement par le semis , d'autant plus que les boutures prennent racine très-facilement en ayant soin de les placer en raies comme des poireaux et de les arroser de temps à autre. Tous les plants qui auront donné signe de vie dans la première année peuvent être transplantés à demeure : il n'en manquera pas un.

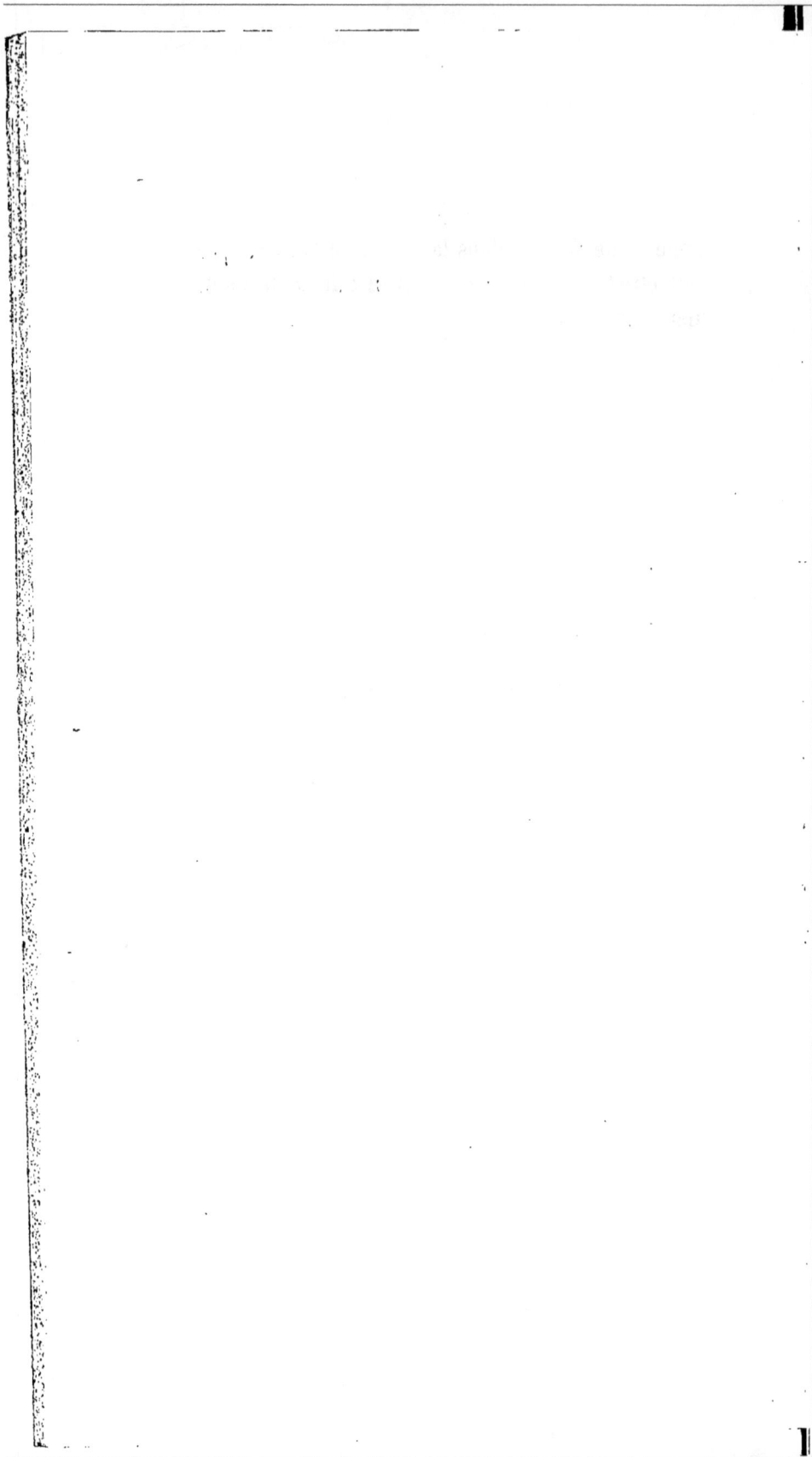

CHAPITRE XIII.

—

Récolte des Feuilles.

La cueillette de la feuille doit se faire avec beaucoup de ménagement ; l'arbre doit se dépouiller entièrement dans ce travail , surtout si l'on se propose de ne pas le tailler de l'année ; car , dans ce cas, les parties qui resteraient feuillées, en attirant à elles tous les principes nutritifs , porteraient un préjudice immense aux branches totalement effeuillées par le déplacement de la sève.

La cueillette de la feuille aura lieu dans l'ordre suivant :

1° Sur les espaliers et les taillis ;

2° Sur les haies ;

3° Sur les jeunes arbres ;

4° Sur les nains ;

5° Sur les arbres vieux et à haute tige.

Le feuillage de cette cinquième catégorie se

trouvant plus substantiel, il convient de le conserver pour alimenter les vers au dernier âge.

On effeuillera l'arbre, en passant la main à demi
fermée sur les branches de bas en haut ; car, si
l'on agissait dans le sens inverse, l'on ferait disparaître les sous-yeux et même l'on pourrait déchi-
rer l'écorce.

L'on ne commencera la cueillette qu'après le lever du soleil et après que les brouillards ou la
rosée seront entièrement dissipés ; elle devra cesser
avant que l'humidité du soir se fasse sentir.

Il faut bien se garder autant que possible de ramasser la feuille avec la pluie ou immédiatement
après ; les souliers, ferrés ou non ferrés, portent
une rude atteinte aux branches en se plaçant dans
les enfourchures : l'écorce ramollie glisse sur l'aubier, elle s'en sépare et forme une grave cicatrice.
J'ai vu des arbres périr par suite de la cueillette
avec la pluie ; car, à part le danger que nous venons de signaler, il en est un autre non moins
grave dont les conséquences sont désastreuses. La
goutte de lait qui s'échappe dès que la feuille est
détachée se coagule immédiatement par un temps
ordinaire, et la plaie se ferme ; tandis que, par un
temps de pluie, ce suc se délaie, la dessiccation ne
peut plus avoir lieu, et, par cette multitude de petites plaies ouvertes, s'écoule la substance de l'ar-

bre, qui finit par périr d'épuisement si la pluie
continue trop longtemps.

Durant la cueillette, les feuilles seront logées à
l'ombre d'un arbre ; elles seront transportées le
plus tôt que l'on pourra dans le ramier, en ayant
soin de recouvrir la voiture de transport, par des
branchages feuillés, si l'ardeur du soleil paraissait trop violente. Une fois rendues dans le magasin, elles seront fortement battues en les soulevant
avec les bras, ou avec une fourche, et la couche
la plus forte n'excèdera jamais vingt-cinq centimètres d'épaisseur ; un feuillage qui arriverait un
peu échauffé en sortant des toiles deviendra frais
et reprendra toute sa bonté, immédiatement après
l'opération que nous venons d'indiquer.

Dans presque tous les pays séricicoles, on a l'habitude d'effeuiller en automne les mûriers pour la
seconde fois, afin d'utiliser ces feuilles pour la
nourriture des bestiaux en général. On ne saurait
trop éviter de suivre cet usage, qui cause le plus
souvent un grand préjudice aux arbres par suite de
la prompte arrivée de gelées qui peuvent frapper
coup sur coup la plaie que vient d'ouvrir la tige
de la feuille en se détachant.

On peut tout au plus faire cette seconde récolte,
lorsque les feuilles jaunissent et qu'elles tombent
presque d'elles-mêmes. Mais, si la sève ou le lait

arrive au moment où la feuille se détache , le mal peut être très-grave sur les sous-yeux destinés à produire la feuille l'année suivante, vu qu'ils se trouvent attenànts et liés à la plaie qui vient de s'ouvrir.

SECONDE PARTIE.

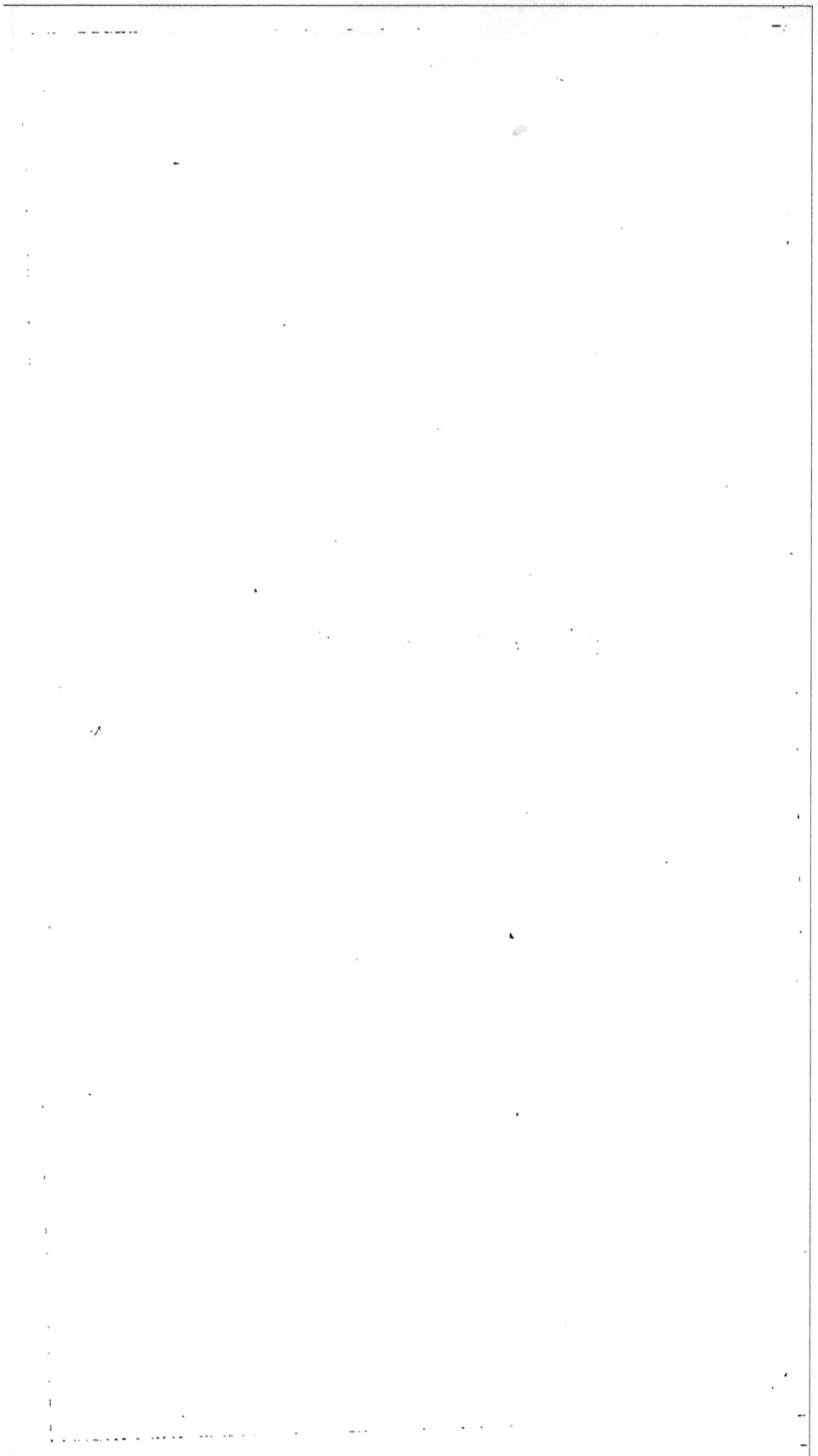

PLUS DE TRIBUT A L'ÉTRANGER !

SOUSCRIPTION GOURDON.

NOUVEAU PROCÉDÉ

POUR OBTENIR LA GRAINE DE VERS-A-SOIE

AU PLUS HAUT DEGRÉ D'ÉPURATION,

SUIVI

D'UN TRAITÉ D'ÉDUCATION D'APRÈS UN NOUVEAU SYSTÈME.

26 grammes de graines	80 kilog. de cocons.
1,150 kilog. de feuille.	8 kilog. de soie.

CHACUN MOISSONNERA CE QU'IL AURA SEMÉ.
Épître de St-Paul aux Galates, IV, 7.

Il est de l'intérêt de tous ceux qui élèvent des vers d'obtenir de leurs cocons mêmes de bons œufs plutôt que de les acheter, afin d'être certains de leur parfaite qualité.
DANDOLO, pag. 228.

Une bonne graine est la base d'une bonne récolte; aussi est-il dans l'intérêt des cultivateurs d'employer tous leurs soins à faire eux-mêmes leur graine, s'ils veulent être sûrs de sa qualité.
BONAFOUX, pag. 85.

Le génie de l'homme, aidé quelquefois par le hasard, enfante toutes les découvertes. L'intelligence s'empare ensuite de l'œuvre du génie, elle l'améliore, la perfectionne, et la fait marcher d'un pas ferme et assuré vers une application pratique, sans laquelle cette œuvre demeurerait stérile et descendrait dans l'oubli.

Pénétré de ces vérités, désireux de contribuer pour ma faible part au bien-être de ma patrie, et voulant lui payer un tribut de reconnaissance, je viens lui offrir le fruit de mes méditations, de mes recherches, de mon expérience, et l'affranchir à jamais d'une dette à l'étranger, que je regarde comme une honte pour ses enfants, heureux si je puis porter la persuasion dans l'esprit de mes concitoyens en leur faisant entendre des paroles utiles et sincères.

Dans l'éducation des vers-à-soie, obtenir par des moyens simples, économiques, les produits les plus considérables, sans que la quantité puisse préjudicier à la qualité, voilà la question que je me suis posée, la tâche que j'ai acceptée, le problème que j'ai résolu.

Qu'elle était grande cette tâche, si l'on considère que, de générations en générations, l'industrie de la soie comptait près de cinquante siècles d'existence! L'attaquer en face et la déclarer dans l'enfance après cinq mille ans, c'était là vraiment du courage, si ce n'était de l'audace ; c'était tenter une bien rude épreuve. Cependant, poussé vers cet art comme par un instinct naturel, encouragé par le désir de servir mon pays, aidé par un enchaînement de circonstances favorables au milieu desquelles la Providence a bien voulu me placer,

je n'ai pas reculé devant tant d'obstacles, et la
difficulté, en excitant mon imagination, n'a fait
qu'augmenter mes forces et ma persévérance.

En abordant mon sujet, j'ai voulu étudier l'état
de cette industrie éminemment nationale, pour
me fixer sur son importance et connaître les rapports de la production à la consommation; car, je
dois l'avouer, ce serait commettre une erreur,
ce serait même rendre à son pays un bien mauvais
service, que de chercher à tirer de son sol des
produits qui dépasseraient ses besoins, surtout
lorsque ce sol renferme déjà tant d'autres éléments
de richesses. J'ai vu tout à la fois, et avec peine et
avec satisfaction, que les soies indigènes étaient
insuffisantes pour alimenter nos belles manufactures et que nous restions tributaires de l'étranger
pour près de cent millions de francs. J'ai pensé
que cet état de choses pourrait chaque jour
devenir plus grave si la production n'intervenait et
ne marchait en raison directe de la consommation.

Il faut le reconnaître, le luxe se propage d'une
manière étonnante dans tous les pays du monde,
et, de nos jours comme dans les siècles les plus
reculés, c'est le fil de soie qui en est le principal
conducteur. Ce précieux tissu a l'avantage de
réunir l'agréable à l'utile, l'élégance à la solidité;
il a l'éclat du rayon de soleil et la force du fil de fer.

« La mode, dit le célèbre Dandolo, pourra varier la fabrication des étoffes et des tissus de soie ; mais la soie sera toujours recherchée par toutes les nations. Aucun produit naturel ou artificiel ne lui est comparable en richesse et en éclat : le luxe rechercherait vainement ailleurs plus de magnificence ; il faudrait que la soie grège, organsinée ou manufacturée, devînt assez abondante pour servir tous les marchés de l'univers ; elle deviendrait alors d'un usage habituel chez tous les peuples, et le besoin d'en consommer fournirait chez tous le besoin d'en produire. »

L'éducation pratique des vers-à-soie m'a frappé par son imperfection. Je me suis convaincu que, de l'incubation à la bruyère, les deux tiers de ces intéressantes chenilles périssaient misérablement par suite d'une mauvaise constitution ou d'une mauvaise éducation, après avoir dévoré plus ou moins de feuilles, selon qu'elles avaient avancé plus ou moins dans la vie, laissant après elles dans les chambrées la contagion ou la mort.

Par une réussite ordinaire de trente à trente-cinq kilogrammes de cocons par vingt-six grammes de graine, l'éducateur éprouve une perte d'environ trente mille vers sur cette faible quantité, et même encore il se tient pour content !

Porter remède à ce mal, augmenter les produits avec les mêmes quantités de feuilles, voilà, je le repète, ce que j'ai cherché, ce que j'ai trouvé.

L'ouvrage que je propose au public, à part des préliminaires sur la nature et l'histoire du mûrier et du bombix, traitera de quatre parties principales :

> La graine,
> Le local,
> L'éclosion,
> L'éducation.

Pour obtenir une réussite complète, ces quatre choses doivent être portées au plus haut point de perfection. Elles se trouvent essentiellement liées ensemble, et si l'une d'entr'elles était mauvaise, il serait tout aussi impossible d'arriver à bonne fin, que de faire de la bonne agriculture sans le *savoir*, le *pouvoir*, le *vouloir*.

Néanmoins, la graine doit attirer principalement l'attention de l'éducateur ; c'est là le germe de la récolte. Aussi, *la méthode de faire cette graine forme-t-elle l'objet spécial de ma découverte et le but unique de ma souscription;* le reste de mon ouvrage enseignera les moyens de développer cette semence.

En conséquence,

Je promets et je m'engage à faire connaître :

1° Les cocons que l'on doit choisir pour la propagation ;

2° Les cocons mâles et les cocons femelles, mais d'une manière positive, infaillible, avantage immense pour les accouplements ;

3° Les papillons que l'on doit conserver et ceux qui doivent être rejetés ;

4° Enfin je promets de faire éliminer les œufs non fécondés ou mal fécondés, n'importe la valeur spécifique de leur poids ; mais principalement ces derniers, d'où naissent toujours des vers chétifs, condamnés à ne jamais monter sur la bruyère, qui mangent en pure perte et sont la cause plus tard, par leur putréfaction, de tous les désastres qui arrivent dans les chambrées.

Avec ces conditions, le mérite de la graine ne peut être contesté ; le succès en est assuré, car il n'est pas possible d'aller au-delà.

Les moyens que j'emploie sont simples, tout-à-fait neufs, d'une exécution facile, à la portée de tout le monde et peu dispendieux.

L'éducateur pourra confectionner sa graine à raison de trois francs les vingt-six grammes, et, dans ce travail, le pâtre des Alpes fonctionnera tout aussi bien que l'habitant des Cevennes.

Avec cette graine et ma méthode d'éducation, l'on évitera la plupart des maladies qui dévorent le

bombix, et disparaîtra immédiatement cette dégénérescence des races qui préoccupe si vivement
nos plus célèbres agronomes et qui fixe à cette
heure toute l'attention du gouvernement.

Avec cette graine et ma méthode d'éducation,
l'on peut compter désormais sur la récolte sérigène, si chanceuse jusqu'à présent, comme sur
toutes les autres récoltes. La perte d'une chambrée
devient à peu près impossible, et l'on doit obtenir
*quatre-vingts kilogrammes de cocons, huit kilo-
grammes de soie, avec vingt-six grammes de
graines et mille cent cinquante kilogrammes de
feuilles.*

Ces résultats, que l'on a même dépassés dans
plusieurs magnaneries, vont bientôt augmenter
d'une manière prodigieuse les produits sérigènes,
eu égard à l'excédant de rendement et à la conservation de la récolte généralement assurée.

Mon procédé sera soumis :

A la Société d'Agriculture du Gard ;
Au Comice agricole d'Alais ;
A M. le Ministre de l'Agriculture ;

Et ma souscription ne sera valable qu'après la
sanction et l'approbation de ces trois autorités.

Avec de telles garanties, j'ai lieu d'espérer que
MM. les Educateurs de la France entière, et prin-

10

cipalement mes compatriotes du Gard, ne me feront pas défaut, et qu'ils me mettront bientôt à
même de pouvoir, par une si belle découverte,
doter mon pays d'une si grande richesse.

Le prix de la souscription est fixé à *vingt-cinq
francs*, payables à la remise de mon ouvrage, revêtu de l'approbation du jury désigné.

Des agents seront placés dans chaque localité,
chargés de recueillir les bulletins de souscription.

Nages, le 1er juin 1850.

ALPH. GOURDON.

CHAPITRE XIV.

—

Magnanerie salubre.

———

AVANT-PROPOS.

Le local destiné à une magnanerie doit être sans complication et sans luxe ; il doit offrir naturellement toutes les ressources d'assainissement et de commodité : circulation de l'air, répartition de la lumière dans tous les sens de l'atelier, aisance et facilité dans le service, voilà les principes sur lesquels doit s'appuyer l'architecte, et qu'il ne doit jamais perdre de vue dans son travail.

Il faut bien se pénétrer qu'un pareil établissement se trouve confié le plus souvent à des mains inhabiles ; presque toujours à des personnes de la campagne sans instruction et sans intelligence, qui vont.... semblables à ces machines à ressort auxquelles on a imprimé le mouvement. Il convient donc que l'organisation de l'atelier se trouve telle, qu'il ne puisse pas fonctionner de deux manières ; qu'il aille de lui-même, si je puis m'exprimer ainsi, une fois l'impulsion donnée. C'est assez reconnaître qu'il faut, avant toute chose, un mécanisme simple, régulier, à la portée de toutes les intelligences, de toutes les fortunes, de toutes les positions. C'est dans ce sens que nous allons décrire notre magnanerie salubre. Les personnes qui auraient des bâtiments affectés à cette destination, dans des dispositions différentes à notre plan, devront chercher à s'en rapprocher autant que possible, en les modifiant ; car, ayant toujours obtenu de belles réussites avec le local que nous allons décrire et les moyens que nous allons indiquer, il est à présumer qu'en suivant ces principes l'on réussira encore, les mêmes causes devant produire les mêmes effets.

CHAPITRE XV.

—

Du Bâtiment.

Le bâtiment de la magnanerie se composera d'un rez-de-chaussée et d'un premier étage. C'est dans la partie supérieure qu'aura lieu l'éducation des chenilles. Sa forme sera rectangle, d'une longueur de trente-sept mètres sur huit mètres de largeur. Les grandes faces seront exposées au levant et au couchant. Elles se trouveront ainsi également vivifiées par les rayons bienfaisants du soleil et resteront constamment à l'abri des vents impétueux du nord et du midi.

Il se divisera en quatre rectangles, A, B, C, D (F. I). Ce dernier sera subdivisé en deux petits cabinets, L, F, qui seront séparés par un corridor d'un mètre de largeur. Je suppose que les quatre murs extérieurs auront cinquante centimètres d'épaisseur ; les trois cloisons qui forment les quatre compartiments seize centimètres, en pierres de taille, et que les cloisons du corridor établies dans le sens de la longueur du bâtiment seront en briques.

Voici, sur ces hypothèses, les dimensions de ces diverses pièces :

A. Longueur............. 12 ᵐ » } dans
   Largeur .... 7 » } œuvre.

B. Longueur............. 10 » } Id.
   Largeur............. 7 » }

C. Longueur............. 10 » } Id.
   Largeur............. 7 » }

D. Longueur, en suivant la
      même direction...... 3 50 } Id.
   Largeur............. 7 » }

E. Longueur............. 3 50 } Id.
   Largeur............. 3 » }

F. Longueur............. 3 50 } Id.
   Largeur............. 3 » }

En conséquence, la longueur du bâtiment se trouvera ainsi divisée :

A..................... 12 »)
B..................... 10 » |
C..................... 10 » |
D..................... 3 50 } 37
Epaisseur des murs nord et midi 1 » |
Epaisseur des trois cloisons en
   pierres de taille........ 0 50)

On laissera au milieu des cloisons une ouverture d'un mètre avec une porte à coulisse glissant sur les côtés. Ces diverses ouvertures seront en enfilade avec le corridor des cabinets, dans lequel se trouveront deux portes de soixante centimètres d'ouverture, pratiquées à droite et à gauche et au vis-à-vis à quarante centimètres de la cloison qui sépare CD.

Les murs au premier étage auront une élévation de quatre mètres cinquante centimètres à la plus basse pente; le couvert sera fait en deux pentes égales, en briques ou en planches, mais toujours uni et non à claires-voies. Ce dernier mode, que l'on rencontre généralement dans les magnaries des Cevennes, me paraît très-vicieux, et je suis loin de le conseiller.

L'on comprend, en effet, qu'avec une semblable toiture, on ne puisse jamais maîtriser la température, et que l'on se trouve tout-à-fait à la garde de Dieu. Fait-il froid? fait-il chaud? il faut subir l'influence du ciel, sans pouvoir y parer, au moins d'une manière absolue. Tandis qu'avec des tuyaux de fuite placés au couvert et multipliés autant que vous le jugez nécessaire, on maintient dans l'atelier la température voulue, à quelque chose près, et l'on évite ainsi d'exposer l'insecte à des transitions subites et considérables, qui lui sont préju-

diciables et altèrent souvent sa santé. Craint-on
la froidure de la nuit? les tuyaux sont fermés ;
veut-on au contraire agiter l'air par des courants?
ils sont ouverts sur les points qui paraissent le
plus favorables. L'on obtient ainsi les avantages
d'un couvert à claires-voies, sans en avoir les inconvénients.

A sera ajourné par seize ouverture, sur deux
enfilades de trois ouvertures chacune, placées
l'une à un mètre et l'autre à trois mètres du plancher. Ces ouvertures auront cinquante centimètres en carré et seront taillées en évasement en
dedans, afin de répandre également la clarté
dans tous les sens de l'atelier. Six de ces ouvertures seront au levant, six au couchant et quatre
au nord. La première des fenêtres sera percée à
deux mètres du mur du nord, la troisième à deux
mètres du mur du midi et la seconde au milieu des
deux ; le rang supérieur suivra la même symé-
trie. La façade du couchant sera absolument as-
similée à celle-ci, et celle du nord placera ses
quatre ouvertures à deux mètres de distance des
murs du levant et du couchant en suivant l'aligne-
ment horizontal des ouvertures dont nous venons
de parler. De cette façon, elles se trouveront en
enfilade des tables et lanceront leur jour directement dessus.

B aura quatre ouvertures semblables aux précédentes sur le levant, deux en haut, deux en bas, et un pareil nombre sur le couchant, toujours dans la même disposition que la pièce A.

C aura quatre ouvertures semblables aux précédentes sur le levant, et une grande fenêtre sur le couchant, au milieu sur la façade.

F aura séparément deux flancs en œil de bœuf sur le midi, un en bas, l'autre en haut, et quatre sur le levant et le couchant, deux en bas, deux en haut. Enfin une grande ouverture sera placée dans le corridor au-dessus du poêle, donnant sur le midi.

Toutes ces prises de jour seront fermées par des châssis vitrés, sur lesquels se dérouleront des stores en toiles noires. Un cadre en canevas sera placé au-dehors pour émousser la violence des vents; un canevas en fil de fer serait préférable, si l'on avait à craindre la visite des rats.

Dans plusieurs magnaneries, au lieu de se servir de fenêtres, on emploie des flancs de deux mètres de longueur sur vingt centimètres de largeur. Le but de ces ouvertures est de briser la violence des vents, et, sous ce rapport, elles sont très-avantageuses; mais je ne saurais croire qu'elles projettent la lumière avec autant de force, par la raison qu'elle est moins concentrée, et, dans ce cas, elles procureraient plus d'obscurité, et, par suite, une plus grande humidité.

Ce genre d'ouverture est très-ingénieux; elles sont pratiquées en évasement dans l'intérieur, et se trouvent fermées par un châssis double, l'un en verre, s'ouvrant sur un côté, l'autre en canevas, s'ouvrant sur le côté opposé. Veut-on de l'air en abondance? les deux châssis restent ouverts; en est-il besoin d'une quantité moindre? c'est le canevas qui ferme; n'en veut-on pas du tout? c'est le châssis vitré que l'on emploie. De cette manière, un des châssis se trouve collé dans l'embrasure du flanc, quand l'autre ferme l'ouverture. Cette combinaison multiple est si commode, que je la verrais avec plaisir employée dans les fenêtres telles que je les ai décrites, et ce n'est que pour éviter des complications que je ne les ordonne pas. L'on emploiera toujours les stores noirs sur les châssis en verre pour amoindrir le jour lorsqu'on le jugera nécessaire.

Je ne parle ici que des ouvertures utiles à la magnanerie; c'est au propriétaire de l'établissement à en pratiquer de nouvelles, pour donner passage à ses fourrages, ou satisfaire à d'autres besoins, provenant de la double destination donnée au bâtiment.

Quatre fourneaux-cheminées seront établis

dans le rectangle A ; pareil nombre dans B , et deux dans C sur le levant. Sur le couchant de cette pièce , on construira une cheminée avec potager et placard., et l'on y pratiquera un escalier pour descendre au rez-de-chaussée ; un poêle en briques sera construit au fond du corridor R à deux branches, ayant chacune son régulateur. Ce poêle chauffera à volonté les pavillons, séparément ou simultanément. Les tuyaux calorifères seront ados sés au plancher ; ils parcourront G H I K L M , et s'élèveront dans les angles I M , par des conduits en briques plaquées contre les murs et formant le triangle.

Les fourneaux seront en briques , de rigueur ; la grille de dessous en fer ou en tôle, avec une seconde grille, sur le devant, d'une seule pièce, pour retenir les tisons. Ils seront entièrement ouverts jusqu'au faîte de leur construction, qui se trouvera couronné par une dalle de dix centimètres d'épaisseur, allant en gradation dans l'angle, sous la forme d'une toiture, afin que la fumée ne sorte plus du poêle et qu'elle soit plus facilement attirée dans le tuyau de la cheminée, qui sera formé, comme je l'ai déjà dit, par des briques plaquées contre les murs sur l'angle même.

Cette ouverture du devant , découvrant entièrement l'intérieur du poêle, servira à lancer la flamme dans tout l'atelier , lorsqu'on voudra combattre l'humidité, en ayant soin de brûler des sarments, bruyères ou autres bois légers. Une portière en tôle fermera la nuit, ou à tout autre moment qu'il en sera utile, le foyer du poêle, et préservera l'établissement de tout incendie, provenant des étincelles ou des charbons qui pourraient s'échapper de l'âtre du fourneau. Cette portière servira encore de régulateur pour augmenter ou abaisser la température, selon qu'on la tiendra plus ou moins ouverte.

Voilà le bâtiment tel qu'il doit être construit; il ne nous reste plus qu'à pratiquer au plancher les soupiraux nécessaires pour faire arriver l'air frais des réservoirs inférieurs, et placer au couvert des tuyaux de fuite, par où devront continuellement s'échapper les odeurs putrides qui pourraient se former dans l'intérieur de l'atelier, tout comme la fumée, qu'un coup de feu ou de vent pourrait faire sortir du fourneau.

Cette disposition, ne pouvant se faire d'une manière régulière et convenable, sans au préalable avoir tracé les ruelles de la magnanerie et placé l'échafaudage des étagères, nous allons d'abord nous occuper de ce travail, pour revenir ensuite sur les soupiraux et les tuyaux de fuite, et terminer par le rez-de-chaussée du bâtiment.

CHAPITRE XVI.

—

Matériel de l'Atelier.

Je dois faire observer que dans ce pays, comme dans tout le midi de la France, l'on ne se sert généralement que de claies en roseaux, autrement dites *canis*. Je ne saurai trop recommander l'usage de ces tables, qui offrent de grands avantages, par rapport à la circulation de l'air, qui se fait à travers les roseaux, et à la modicité du coût de l'objet. Car, s'il advenait par cas une maladie contagieuse dont on aurait à craindre la réapparition, on pourrait facilement faire le sacrifice de ces claies, sans éprouver une grande perte, leur valeur n'allant pas au-delà de dix centimes le mètre carré. Tandis qu'avec des tables en fil de fer ou de toiles, le dommage se trouvant bien plus considérable, l'on ne se décide que plus difficilement à la perte de ces objets ; on veut tenter une seconde récolte, et, un nouvel échec arrivant, il peut s'ensuivre la ruine du pauvre fermier.

La largeur de ces canis, que l'on fabrique avec des roseaux de marais, est bien donnée généralement pour deux mètres, mais elle n'est, en réalité, que de un mètre quatre-vingts centimètres; c'est donc sur cette dimension qu'on doit dresser l'échafaudage. Quant à la longueur, il s'en fait de toutes les dimensions; d'ailleurs, il est facile de les raccourcir ou de les prolonger selon le besoin.

Pour mon compte, j'ai adopté la plus grande largeur, désirant me rapprocher autant que possible des usages du pays, en tant que ces usages ne seront pas dangereux, afin de ne pas trop contrarier les éducateurs dans la disposition de leurs établissements. Néanmoins, je reconnais qu'à cette dimension les tables sont très-incommodes à desservir, dans les repas, dans les délitements, comme pour l'encabanage. Celles de un mètre cinquante centimètres sont bien préférables, et on doit les adopter sans hésitation; le bras étendu arrive facilement au centre de la table, et par ce moyen le service se fait avec la plus grande facilité.

Dans la pièce A, il y aura deux rangs de tables. Ils seront construits à deux mètres des murs du nord et du midi, et à un mètre de ceux du levant et du couchant; de telle sorte que les trois ruelles

qui doivent les desservir, auront un mètre de largeur chacune, et qu'il se trouvera deux mètres
sur les petits côtés, en considération des fourneaux
F I.

Sur tous les points marqués en noir on élèvera
une solive ou poteau. Pour cela on pratiquera au
plancher un trou de un centimètre et demi de
diamètre ; on en fera autant dans le gros bout de
la solive, et dans ce dernier on enfoncera un boulon en fer de la même grosseur et de six centimètres de long qui entrera dans le bois par moitié ;
les trois centimètres restant s'enfonceront dans
le trou du plancher. Le poteau une fois dressé
sera fixé par le haut, à un bois du couvert, ou à
tout autre aboutissant, qu'on aura disposé à cet
effet, en se servant de pitons à vis de dix à douze
centimètres selon l'épaisseur des solives, qui de-
viendront, par ce conditionnement, solides et iné-
branlables.

À la hauteur de deux mètres, on fixera par
trois clous en pied de poule, sur toutes les faces
des piquets au vis-à-vis des murs, un morceau
de planchard de Bourgogne, de la largeur de la
solive, sur une longueur de quinze à vingt centimètres. On en fera autant dans la ruelle du milieu,
et alors les piquets des coins, au nombre de huit,
en recevront deux ayant deux faces à satisfaire. Ces

petites planches ainsi fixées serviront de points
d'appui à des bouts de solives, qui entreront dans
le mur au vis-à-vis, et soutiendront à leur tour les
chemins suspendus destinés à desservir les étages.
supérieurs. Dans la ruelle du milieu, les bouts
de solives reposeront de tout côté sur ces petits
planchers. Ces chemins une fois établis offriront
quatre étages en dessous et autant en dessus,
à cinquante centimètres de distance l'un de
l'autre.

Voici la manière de former ces étages :

Avec des vis à têtes rondes de cinq centimètres
de longueur, il faut fixer des liteaux en bois de
deux mètres de long, sept centimètres de large,
deux centimètres et demi d'épaisseur sur les piquets vis-à-vis du couchant au levant, à cinquante
centimètres de distance en partant du sol. Il faut
pour le moins cette séparation entre les étages ;
une coudée, comme on a l'habitude de donner
dans les Cevennes, est insuffisante et ne présente
d'ailleurs aucune régularité. L'on a ensuite un
liteau de la longueur des tables, sept centimètres
de largeur, deux centimètres et demi d'épaisseur ;
on le cloue avec des pointes de Paris par les extrémités et dans la longueur à angle droit, avec un
autre liteau de la même longueur, neuf centimètres
largeur, un centimètre et demi épaisseur, de ma-

nière à former une *gorgue* angulaire que l'on posera sur les liteaux déjà placés en travers, et que l'on fixera contre les piquets par des vis, en ayant soin de placer le liteau le plus épais et le moins large droit et au-dessus, et le plus mince et le plus large horizontal et au-dessous. Une *gorgue* semblable sera posée à chaque étage sur les deux côtés, après quoi l'on étendra un liteau en forme de règle, ayant la longueur des tables, dix centimètres de largeur, trois centimètres d'épaisseur sur le milieu des liteaux transversaux. Ce liteau sera tiré d'un planchard de Bourgogne, qui a ordinairement l'épaisseur désignée. Cette dernière dimension, double de l'épaisseur de la planche de dessous la *gorgue*, devient nécessaire, d'abord, parce que le poids des tables est infiniment plus fort sur le milieu, et ensuite pour que, sur cet endroit, le canis se relève en forme de dos d'âne et tienne constamment les vers mieux exposés à l'air, et la litière moins sujette à l'humidité. Si, au lieu d'être relevées sur leur centre, les tables s'y affaissaient au contraire, il en résulterait un amas de litière plus considérable sur ce point, les personnes qui jettent la feuille cherchant toujours à la niveler, sans prendre en considération l'enfoncement de la claie.

Enfin, l'on terminera les cadres des étages, en plaçant un dernier liteau d'un piquet à l'autre au nord et au midi de chaque étage. De cette manière, les deux côtés de la *gorgue* servent : l'un, à retenir les vers dans les claies, l'autre, de point d'appui aux extrémités des canis, qui, déroulés sur cet échafaudage, s'y trouvent tellement bien encadrés, qu'on les y croirait fixés et ne formant qu'un corps. Pour préparer les canis à cet effet, ils faut les rouler, les serrer avec une corde, égaliser tous les roseaux d'un côté en les frappant contre le plancher, et puis, prenant la largeur des tables, rogner à cette mesure le bout du canis dont les roseaux offrent de l'inégalité, en se servant, soit d'un sécateur, soit d'une scie. Cette opération terminée, les canis se trouvant réguliers, on les déroulera sur les étages où ils s'encadreront parfaitement en ayant toutes ses dimensions. Une fois ainsi disposés, ils seront recouverts d'un papier ballon, n° 4, excessivement mince, et dès ce moment ils se trouveront prêts à recevoir les chenilles.

CHAPITRE XVII.

—

Ventilation naturelle.

Nous allons actuellement pratiquer les soupiraux au plancher, et les tuyaux de fuite au couvert.

Dans la pièce A, il y aura neuf soupiraux, trois
dans chaque passage, aux points marqués d'une
croix, et quatorze bourneaux en terre au couvert,
de seize centimètres de diamètre et de cinquante
mètres de long; ils seront placés dans la direction
des chemins, savoir : un à chaque coin, à côté de
la cheminée, et trois dans l'intermittence de ceux-
ci; les ruelles du levant et du couchant en auront
cinq chacune, et celle du milieu quatre.

B aura six soupiraux, deux à chaque ruelle, et
onze tuyaux au couvert, quatre de chaque côté, et
trois au milieu.

C aura trois soupiraux dans sa ruelle du levant
et quatre bourneaux au milieu du couvert; une

grande fenêtre sera pratiquée dans la façade du couchant, et, comme nous l'avons déjà dit, un escalier aboutissant au rez-de-chaussée sera pratiqué dans cette pièce dans le coin opposé à la cheminée. Cette issue aura une fermeture qui se redressera et tombera à volonté. C'est là que logeront les personnes attachées à l'établissement, du moins celles qui seront chargées de la surveillance de l'éducation et qui en auront la haute main. D'ailleurs, le second âge ne durant que quelques jours, la pièce se trouve presque toujours libre, et comme il n'y a qu'un rang de tables, il est facile de le démonter au moment du déramage, en ayant soin de débuter par là, et alors elle sert au décoconnage, en faisant passer la bruyère dans la basse-cour par la grande ouverture que nous avons pratiquée sur la façade du couchant.

On distribuera au-dessous les magasins à feuilles, et le restant du rez-de-chaussée sera utilisé en y puisant de l'air frais que l'on amènera par les soupiraux et dont on pourra augmenter la fraîcheur en temps de sécheresse par des arrosages fréquents. L'on pourra, malgré tout ce que je viens de dire, établir le logement du personnel au rez-de-chaussée, ou dans tout autre lieu que l'on jugera plus convenable.

Je ferai même observer que, lorsqu'il se trouvera dans la maison d'exploitation un local en dehors et à l'écart de la magnanerie, propre à servir d'entrepôt à la feuille, on devra l'utiliser de préférence, les exhalaisons et l'humidité de la feuille se trouvant toujours pestilentielles et pernicieuses.

Les tuyaux de fuite devront être recouverts d'une plaque en tôle à laquelle on fixera trois pattes en fil de fer de vingt-cinq centimètres de longueur, s'écartant l'une de l'autre à mesure qu'elles se prolongent, afin qu'elles puissent forcer contre l'intérieur des bourneaux ; au centre de ces plaques se trouvera un fil de fer un peu plus fort que les précédents et d'une longueur telle qu'on puisse le saisir de dessus les chemins suspendus. Cette tige doit servir à ouvrir et à fermer les ouvertures des bourneaux, en faisant jouer à volonté la plaque de tôle.

Voilà la construction de ma magnanerie ; en voici l'utilité.

CHAPITRE XVIII.

—

Vues générales de l'auteur, utilité de la magnanerie.

Je dois faire observer que le local dont nous venons de faire la description est destiné à recevoir les chenilles de dix onces de graine, soit deux cent soixante grammes. L'espace qu'elles doivent occuper est de vingt mètres carrés pour le premier âge; le double du premier au deuxième; le double du second, plus le premier au troisième; le double du troisième, plus le second au quatrième, et enfin, le double du quatrième, plus le troisième au cinquième, ce qui équivaut à :

Vingt mètres carrés au premier âge, l'insecte ayant trois millimètres de longueur;

Quarante mètres au deuxième âge, ayant six millimètres;

Cent mètres au troisième âge, avec une longueur de quinze millimètres;

Deux cent quarante, au quatrième âge, avec
trente-six millimètres de longueur;

Cinq cent quatre-vingts, au cinquième âge,
avec quatre-vingt-sept millimètres.

J'ai voulu faire passer chaque âge dans une
pièce séparément, afin d'éviter à nos débiles con-
valescents, au sortir de chaque maladie, les effets
pernicieux que produisent ordinairement les miasmes qui s'échappent des litières, au moment de
leur enlèvement, et qui sont d'autant plus funestes,
que ces fumiers se trouvent corrompus et en fermentation par suite du dépôt que l'insecte y pro-
jette en se dépouillant de son enveloppe et de ses
humeurs. D'ailleurs, une fois qu'il n'y a plus de
vers sur les claies, les délitements s'opèrent avec
plus de facilité, et l'on est exempt de perdre un
seul insecte valide en jetant les fumiers; car, après
leur transfert dans la pièce suivante, on laisse
au besoin sur les claies les litières intactes pendant
vingt-quatre heures, en ayant soin, durant ce laps
de temps, de ramasser tous ceux qui apparaissent
au sortir de leur léthargie.

Plus tard, lorsque les vers reviennent dans les
pièces qu'ils ont déjà parcourues, ils les retrouvent
si propres, si fraîches, si bien assainies, que c'est
tout comme si elles étaient neuves et s'ils y pa-
raissaient pour la première fois. Il faut bien se pé-

nétrer qu'une magnanerie n'est autre chose qu'un hôpital ; c'est ainsi que ce local doit être considéré. Elle doit donc se diviser en petites salles, autant que possible ; les malades y seront mieux à l'aise, on évitera tout encombrement ; l'assainissement sera plus facile et la température plus régulière.

C'est dans ces prévisions que j'ai divisé mon local en cinq compartiments, avec les proportions voulues, pour pouvoir loger commodément les chenilles de dix onces de ma graine dans leurs différentes phases. En effet :

E. Dans ce pavillon, les tables ont un mètre cinquante centimètres de largeur, sur deux mètres de longueur, soit trois mètres carrés en surface. Huit tables, superposées les unes sur les autres, donnent un produit de..................... 24 ᵐ

F contient également.............. 24

C, ayant huit étages, de seize mètres carrés chacune, donnera........... 128

B offre seize étages sur deux rangs, chaque étage possède trois tables de quatre mètres carrés l'une, soit douze mètres, qui multipliés par seize donnent 192

A contient en surface le double de C, les claies s'y trouvant disposées sur deux rangs, soit 256

Ce qui donne pour tout l'établissement 624 ᵐ

En conséquence ,

F devant servir à l'incubation de la graine , offrira bien toutes les dimensions voulues ; on n'aura qu'à placer dans cette pièce une machine dont j'aurai soin de faire la description lorsque je traiterai de l'éclosion.

F recevra les chenilles à leur naissance. C'est dans cette pièce que se passera le premier âge pour lequel je dois occuper vingt mètres carrés; on pourra les y loger commodément, ainsi que dans la pièce C, au deuxième âge.

Le troisième âge se passera dans B, sur une surface de cent mètres, que l'on aura soin de choisir sur les étages du milieu, ayant à disposer d'un espace beaucoup plus considérable.

Le quatrième âge aura lieu dans A, qui offre une superficie suffisante ; et enfin le cinquième s'effectuera dans A. B. C., par cinq cent quatre-vingts mètres de tables, et les deux cabinets E. F. resteront en réserve pour recevoir les retardataires ou traînards, que l'on aura soin de retirer des cabanons lorsque l'on verra la grande majorité déjà montée.

Placés sous une température élevée, ces derniers vers sèchent promptement le liquide gluant qu'ils avaient reçus des vers plus diligents, en se vidant sur la bruyère ; ils se réchauffent en chassant cette humidité qui les paralysait, se raniment et montent tout aussi bien que les autres à la bruyère, et les cocons qu'ils fabriquent n'en sont ni moins beaux, ni moins bons.

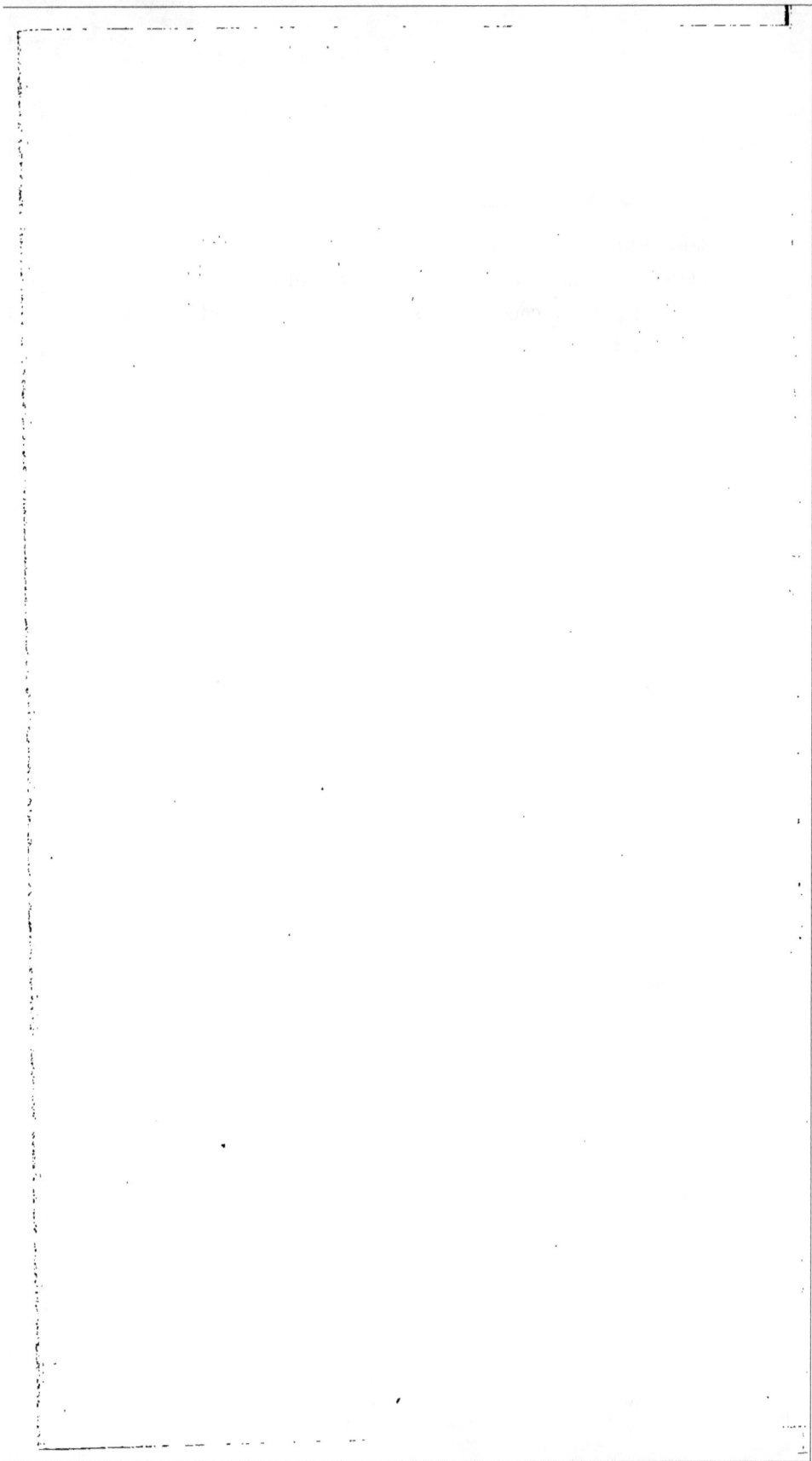

CHAPITRE XIX.

—

Eclosion.

Pour mener à bien cette opération, il faut nécessairement des soins très-minutieux. Les vers
en naissant se trouvent infiniment petits ; l'œil
le mieux exercé les distingue à peine d'une manière précise sans le secours d'une lunette. Aussi
les grandes pertes se font à la naissance, ou proviennent de la naissance.

C'est à l'étuve, en effet, que le ver reçoit son
tempérament bon ou mauvais, sa constitution
forte ou débile, le bien ou le mal, la vie ou la
mort.

Il est donc essentiel d'employer tous les moyens,
d'avoir tous les soins imaginables pour la conservation de cette intéressante chenille, à cette époque
critique, qui doit avoir une influence si grande
sur la vie si courte et si précieuse qui lui est assignée par la nature.

Notre chambrette à éclosion, telle que je l'ai décrite dans le chapitre précédent, libre de son échafaudage et de toutes entraves, doit être propre et fraîchement blanchie avec un lait de chaux vive avant que de recevoir la graine.

Un thermomètre,

Un hygromètre,

Une plume d'oie à large barbe,

Voilà tous ses décors.

A un mètre du sol et au milieu de la pièce, pivotant sur un tronçon de poutre, une machine destinée à recevoir la graine d'abord, et bientôt après les jeunes vers, voilà son mobilier.

Pour construire ce dernier ustensile que j'appellerai moulinet (F. 2), j'ai deux cadres en bois de sapin de un mètre cinquante-deux centimètres de longueur, sur vingt-cinq centimètres de largeur dans bandes. Ces bandes auront deux centimètres cubes et demi. Je croise ces cadres par le milieu, en les fixant l'un sur l'autre enchâssés à demi-bois, de manière à former les ailes d'un moulin à vent. Ces ailes seront voilées au-dessous par un tissu fin et serré (de nansou, par exemple), à travers lequel les vers ne pourront pas passer au sortir de la coque.

Ce tissu sera cloué aux bandes par des petits clous, qui porteront premièrement sur des chevillères écrues, afin que l'étoffe soit fortement tendue, sans risquer à être déchirée.

Le carré du milieu ne sera pas voilé ; mais on y placera pour supporter le moulinet la croisière **A. B. C. D.** formée par deux pièces de bois de cinq centimètres de largeur, enchâssées l'une dans l'autre, et fixées aux bandes avec des vis par chacune de leurs extrémités.

Au centre de la croix, on pratiquera un trou d'un centimètre de diamètre, dans lequel entrera un boulon en fer de la même grosseur, après avoir été préalablement planté sur le tronçon de poutre. Ce pivot se trouvera l'axe de la machine qui pourra suffire dans ces dimensions à l'éclosion de dix à vingt onces de graine, selon qu'on le désirera.

En cet état, et le thermomètre marquant quatorze degrés Réaumur, l'on versera la graine par quart dans chacune des ailes, en ayant soin de la bien éparpiller, afin que les œufs ne se trouvent pas les uns sur les autres et qu'ils puissent ainsi recevoir simultanément la même température.

De six heures en six heures, agissant toujours dans le même but, une personne sera chargée de promener sur cette graine la barbe de la plume pour la déplacer et la retourner autant que possible. Cette manœuvre se fera sans bouger de place, en faisant passer devant soi les quatre ailes du moulinet, et laissant en se retirant, à son vis-à-vis, la voile qui suivra celle qui s'y trouvait précédemment. En agissant ainsi, toute la graine sera frappée de la même température dans les vingt-quatre heures, et l'éclosion s'opèrera d'une manière régulière et uniforme.

Sur les derniers temps cependant, lorsqu'on s'apercevra que les œufs blanchissent et qu'ils sont prêts à éclore, on cessera de les remuer, et l'on y jettera dessus un tulle ou un canevas très-clair, ayant les mêmes dimensions que le cadre, sans cesser pour cela de faire tourner le moulinet comme d'habitude.

S'il arrivait cependant que la température eût exactement le même degré dans toutes les disposition de l'étuve, il deviendrait alors inutile de faire tourner le moulinet, et l'on se dispenserait de cette manœuvre.

Les canevas posés sur les œufs recevront par-dessus des feuilles de papier percées n° 1, coupées à vingt-cinq centimètres de largeur, sur soixante-un centimètres de long, ce qui coïncidera parfaitement avec les ailes du moulinet, qui ont été faites sur ces dimensions prenant pour base la largeur des rouleaux de papier percé à la mécanique, d'un percement à l'autre. Il faudra une quinzaine de feuilles semblables pour épuiser les vers provenant d'une once de graine à leur naissance, ou pour les éclaircir sur les tables d'une manière convenable. Ces feuilles de papier seront préparées à l'avance, empilées les unes sur les autres, surchargées d'un certain poids pour éviter les mauvais plis, et, soigneusement conservées d'une année à l'autre, elles peuvent servir durant de longues années.

Ces filets, une fois posés sur les canevas, seront légèrement arrosés avec de la feuille tendre de jeunes mûriers, coupée bien menue, et lorsqu'on jugera qu'ils sont suffisamment garnis de vers, on les saisira avec les doigts par deux coins opposés en diagonale, en les soulevant d'abord avec le tuyau de la plume qu'on passera dans les trous et on les transportera ainsi dans le petit atelier de vis-à-vis. On ne doit pas attendre, pour enlever ces filets, qu'ils soient tellement noircis par la larve, qu'ils ressemblent à des fourmilières ; mais, pour peu qu'on y distingue des vers dessus, il y en aura toujours assez.

Après les avoir enlevés, on les remplacera de suite par d'autres, si la naissance continue ; ceux-ci le seront à leur tour par de nouveaux encore, et ainsi de suite jusqu'à extinction. Deux levées suffiront pour remplir une table du cabinet F qui se trouve avoir deux mètres de longueur sur un

mètre cinquante centimètres de largeur. On placera pour cela un rang de ces filets sur le milieu
de la table dans sa longueur, ce qui nécessitera
huit feuilles de vingt-cinq centimètres de large,
ou bien deux levées (F. 4). On aura soin d'éclaircir les vers après le déplacement au fur et à mesure
qu'ils paraîtront trop épais, et en agissant ainsi
ou en agrandissant petit à petit la zône animée par
le manger, la table se trouvera entièrement rem-
plie sur la fin de l'âge.

On pratique les dédoublements, en plaçant des
filets en papier sur les endroits encombrés de vers,
sur lesquels on jette de la feuille de mûriers comme
pour les enlever à la naissance, et, lorsqu'on juge
que ces feuilles sont assez fournies, on les enlève
pour les déposer dans la table, aux endroits qui
se trouvent le plus dégarnis. Au moyen de ces
éclaircissements, la larve, ne se trouvant nulle part
trop épaisse, se nourrit avec aisance ; elle ne se
contrarie et ne se tourmente jamais ; elle grandit
dans des proportions naturelles, et, sur la fin de
l'âge, ayant atteint le développement qui lui avait
été assigné, elle tombe malade sans être gênée par
l'espace, et la table se trouve pleine et unie comme
un tapis de billard.

Pendant la naissance, on aura l'œil sur les bandes du moulinet, et toutes les fois que l'on verra

des vers courir dessus, il faudra les précipiter dans le cadre en se servant de la barbe de la plume.

Il faudra encore, après avoir opéré la dernière levée du soir, placer, tout le long des bandes du cadre, de petits brins de feuilles de mûriers, que vous laisserez toute la nuit, dans le but d'arrêter et de fixer les quelques vers qui pourraient rôder çà et là pour chercher à manger; et, le lendemain matin, on les portera avec les brins sur la table qui aura reçu la dernière levée; car, ayant mangé toute la nuit, il ne faut pas les confondre avec la naissance du matin.

Les plus grandes levées auront lieu dans la matinée, et dans l'après-midi les naissances seront bien moins abondantes.

Les vers premier-nés occuperont l'étage inférieur du cabinet F, mais non pas celui du plancher, dont on ne doit se servir qu'à la dernière extrémité, la circulation et le renouvellement de l'air ne s'y opérant pas aussi librement que sur les autres. L'on passera ensuite à l'étage supérieur qui suit, en allant par ordre jusqu'au bout, afin que les vers dernier-nés jouissant d'une température plus élevée (ce que l'on rencontre toujours dans les régions les plus hautes des magnaneries), puissent atteindre les premiers, ou du moins puissent détruire peu à peu l'inégalité qui résulte de la différence d'âge.

L'on peut se rendre compte de cet avancement rapide en sachant que la chaleur excite généralement l'appétit de l'animal et facilite sa digestion, ce qui permet de renouveler les repas plus fréquemment et, par suite, accélère le développement de l'insecte.

On aura soin de séparer et de contremarquer les levées de chaque jour, et, en donnant à manger, de commencer constamment par les derniers venus. Trois à quatre jours au plus seront nécessaires pour épuiser la naissance une fois commencée.

Nous avons dit que la température de l'étuve devait être à quatorze degrés en recevant la graine. Ce degré y sera maintenu pendant deux jours, et l'hygromètre marquera soixante-quinze degrés.

Au troisième jour on donnera........ 15°
Au quatrième .... 16°
Au cinquième.................... 17°
Au sixième .... 18°
Au septième .... 19°
Aux huitième et neuvième......... 20°

Si l'éclosion était pénible, l'on pousserait le thermomètre jusqu'à 21, 22, 23 degrés, s'il le fallait.

Je dois faire observer cependant qu'on ne doit pas pousser la température au-dessus de 20°, sans, au préalable, avoir aperçu des vers. L'on attendra donc que l'éclosion ait commencé avant que de quitter ce point d'arrêt; mais une fois que les insectes apparaîtront, on ne doit pas craindre de monter d'un degré chaque jour, afin que la naissance marche rondement et qu'elle n'éprouve pas une longue trainée, ce qui contrarierait fortement l'éducation et occasionnerait bien du tracas.

Avant que de porter les vers sur les claies du cabinet F, il est urgent de tendre cinq petites cordes sur les papiers de ces tables dans leur longueur, en les fixant par des clous aux deux bandes de vis-à-vis et au-dehors. La première de ces cordes sera placée au milieu de la table, les quatre autres à six centimètres de distance l'une de l'autre, deux de chaque côté de la première (F. 3).

Ces cordes sont destinées à recevoir les papiers percés qui servent à enlever les vers et doivent empêcher que le poids de ces feuilles chargées n'écrase les quelques insectes qui pourraient se trouver en-dessous. L'on doit bien se pénétrer que, pour obtenir quatre-vingts kilogrammes de cocons par once de graine, il faut des soins incessants, du commencement à la fin de l'éducation. L'on ne doit jamais laisser perdre un seul ver, avec connaissance de cause : une vigilance active, assidue, continuelle, devient rigoureuse ; pas de négligence, pas de paresse surtout ; il vaudrait mieux ne pas commencer que de mal finir.

Lorsque j'ai fait placer le canevas sur les œufs au moment de la naissance, c'est que j'ai remarqué qu'en y posant dessus les filets de papier sans cette précaution, on enlevait toujours avec, des coques dans le transport, et qu'à ces coques se trouvaient mêlés des œufs non éclos, allant donner naissance à des vers un ou deux jours plus tard sur les tables, jetant ainsi l'inégalité dans la larve.

Il est urgent encore de ne pas laisser dans l'étuve les vers nouveau-nés, attendu que la température sous laquelle doit respirer l'animal doit aller en raison inverse de celle que nécessite l'éclosion ; en poussant le degré pour celle-ci, on contrarierait l'insecte qui doit vivre dans une atmosphère moins chaude, à mesure qu'il grandit et prend de la force.

Le thermomètre marquant dix-huit degrés dans l'étuve, deux vases plats contenant quatre centimètres d'eau devront y être déposés constamment, placés en sens opposés, afin de corriger par l'évaporation du liquide la trop grande sècheresse de l'air. Du reste, l'hygromètre servira de règle à cet égard, et il devra marquer quatre-vingts degrés environ.

Cet instrument, qui mesure l'humidité de l'air, doit toujours être isolé dans la pièce où il se trouve, et, dans le cas qu'il toucherait au mur ou à la boiserie, il devra appuyer de rigueur sur une plaque de tôle ou de fer-blanc, afin d'éviter le contact avec tout corps hygrométrique.

Une fois l'éclosion terminée et les vers changés dans le cabinet F, on fera disparaître le moulinet de l'étuve et l'on y replacera l'échafaudage comme dans le cabinet de vis-à-vis pour qu'il soit disposé et prêt à recevoir les traînards qu'on aura soin d'enlever des cabanons, une fois que la grande majorité des vers sera montée sur la bruyère.

Dans le premier âge, comme dans les suivants, les canis seront toujours recouverts d'un papier ballon n° 4, qui coûte de quatre-vingts à quatre-vingt-dix centimes le kilogramme. Comme il se trouve excessivement mince et léger, qu'il est très-large et très-fort, on doit l'employer de préférence à tout autre. Il offre avantage, sous le rapport de l'économie; il procure une grande propreté et absorbe beaucoup d'humidité.

Un rouleau de ce papier de cinq kilogrammes occupe un espace de plus de deux cents mètres carrés; il évite de grandes pertes, qu'il compense par de grands bienfaits.

En terminant ce chapitre, je dois faire observer,

qu'un éducateur prudent et sage, en prévision de la perte de sa graine, doit tenir en réserve, à une température aussi basse que possible, une provision double de celle qu'il lui faut annuellement. Il pourrait se faire, en effet, que l'on fût privé de cette graine, soit par un accident durant l'incubation, soit par la perte de la feuille par suite d'une gelée blanche au moment de l'éclosion. Il est donc sage, toutes les fois qu'on ne sera pas assuré de pouvoir se remplacer en cas de malheurs, d'avoir cette graine en double, afin de ne pas manquer complètement la récolte d'une année, dont les résultats sont toujours fructueux, eu égard à la cherté des cocons dont les prix s'élèvent en rapport de la rareté de la marchandise.

CHAPITRE XX.

—

Education.

——

CONSIDÉRATIONS GÉNÉRALES.

De l'espace, de l'espace, à nos intéressantes chenilles et des repas fréquents et légers. Qu'elles puissent respirer à l'aise un air pur ; dévorer leur unique mets, sans obstacle et à volonté ; se dépouiller de leurs fourreaux, libres dans leurs mouvements ; se rapprocher enfin, autant que cela se peut, de leur nature première, qui les laisse en plein air et sur les arbres, et leur permet de satisfaire ainsi leur appétit à discrétion et à toute heure.

Oui, nous devons avoir dans notre traité d'éducation le ver-à-soie dans son état primitif constamment sous les yeux. C'est cette nature que nous devons étudier, imiter, copier dans son admirable organisation ; il faut en saisir tout ce qui est bon, pratique, possible ; modifier, corriger ou rejeter tout ce qui paraîtra contraire ou inapplicable à la vie domestique que nous allons donner à cet insecte si précieux.

C'est dans ce but que j'ai placé en tête de mon ouvrage quelques notions sur la nature et l'histoire du ver-à-soie et du mûrier ; et bien que ces connaissances, comme je l'ai déjà dit, ne soient pas rigoureusement indispensables pour arriver à une bonne récolte, elles serviront du moins à nous rendre compte des opérations que l'on fait, à connaître le pourquoi, le comment.

D'ailleurs, il m'a paru tout-à-fait naturel que le maître connût l'origine de son élève, ses goûts et ses habitudes, sa puissance et sa faiblesse, sa force et sa débilité, afin de mieux le diriger et le faire arriver à bonne fin.

Nos auteurs modernes blâment les éducateurs aux anciens usages, de ne donner qu'un mètre carré d'espace pour les vers provenant d'un gramme de graine. Ils comprennent cependant que cette surface peut leur être suffisante, eu égard aux pertes considérables qu'ils éprouvent durant les premiers âges. Tout en reconnaissant la justesse de leurs observations, je me permettrai de leur adresser les mêmes reproches, et de leur dire qu'ils pèchent à leur tour par le même côté, lorsqu'ils conseillent de porter l'espace de vingt-cinq, à trente-cinq mètres carrés par once. Qu'ils sachent bien que cela ne leur est suffisant que parce qu'ils font aussi des pertes très-considérables dans les premiers temps. L'expérience m'a démontré qu'il fallait rigoureusement deux mètres carrés de tables pour un gramme de graine bien épurée, c'est-à-dire de cinquante à soixante mètres carrés par once. Les pertes se trouvent d'autant plus réduites, que les sujets sont plus robustes à leur naissance, et l'espace pour les loger doit être d'autant plus grand, qu'ils se sont mieux conservés et restent plus nombreux sur la fin de l'éducation.

J'ai dit que l'expérience m'avait démontré qu'il fallait réserver un espace de cinquante à soixante mètres carrés, pour loger les vers provenant d'une once de graine ; je suis heureux de pouvoir me rendre compte de ces observations d'une manière mathématique. En effet, le ver-à-soie, dans son plus grand développement peut atteindre la longueur de dix centimètres et près de deux centimètres d'épaisseur. Son corps repose donc sur une surface de vingt centimètres carrés. En admettant, comme j'en ai la certitude, qu'on puisse mener à bonne fin de vingt-cinq à trente mille vers par once, c'est bien cinquante à soixante mètres carrés, qu'ils devront occuper en ne voulant pas les loger les uns sur les autres.

Si un ver occupe vingt centimètres, combien de mètres occuperont vingt-cinq à trente mille vers?

Réponse : cinquante à soixante mètres.

Ces mêmes auteurs blâment encore les éducateurs anciens de ne donner à leurs vers que deux à trois repas chaque vingt-quatre heures. Ils ont certainement raison en cela ; ils ont encore raison lorsqu'ils conseillent de renouveler ces repas jusqu'à vingt-quatre fois par jour, car ils se rapprochent ainsi de l'état naturel de l'insecte ; mais je dois leur faire observer qu'une théorie, qu'un procédé, ne peut être pris en considération, qu'autant qu'il peut se rendre pratique, possible, facile dans son application ; dans le cas contraire, il devient un rêve, une chimère, et reste mort-né.

Il faudrait dans ces systèmes exagérés pouvoir organiser un service de nuit, lorsqu'on sait que cette industrie se trouve livrée tout-à-fait aux bons campagnards, qui font par eux-mêmes ordinairement tous leurs travaux, et embrassent autant qu'ils le peuvent. Pour un pareil système, pour une semblable organisation, il faudrait ou restreindre l'éducation de moitié, et alors il pourrait se faire que les dépenses dépasseraient les recettes ; ou bien doubler le personnel de l'atelier, et les bras manqueraient indubitablement ; par suite, le service chômerait et l'on rebrousserait chemin au lieu de marcher en avant. J'ai lieu de croire, qu'il est plus logique et surtout plus profitable, de laisser à l'éducateur la faculté de donner à manger aussi souvent que possible, en lui faisant bien comprendre que le ver-à-soie logé sur un arbre peut manger quand la nature le demande ; que devant son bec se trouve continuellement une feuille fraîche, et que l'on se rapproche d'autant plus de cet état de choses, que les repas sont plus souvent renouvelés et les espaces plus considérables.

Propriétaires-éducateurs, je vous le dis : vous avez tous le même défaut, vous péchez tous de la même manière ; ce n'est que pour satisfaire votre amour-propre et un moment d'orgueil, que vous jetez des masses de graines à l'étuve et que vous amoncelez des fourmilières de vers dans vos locaux étroits. Vous élevez la voix bien haut, quand vous dites : j'ai mis vingt, trente onces de graine ; mais aussi vous la baissez bien bas lorsqu'on vous en demande les résultats. C'est toujours par un *si*, ou par un *mais* que vous répondez. Un accident, un cas imprévu vous a contrarié : tantôt c'est la feuille, ou mauvaise ou mal préparée ; tantôt c'est la pluie, le froid, le chaud, une touffe, les ravages d'animaux destructeurs, que sais-je enfin !... rien ne peut vous faire accoucher de ces douze ou quinze quintaux de cocons que vous avez obtenus. Malheureux, ce n'est ni le froid, ni le chaud, qui ont occasionné vos pertes; c'est tout bonnement l'encombrement des vers sur vos claies qui vous a fait échouer.

Ne comprenez-vous pas que ces pauvres petits insectes, entassés les uns sur les autres, ne peuvent pas jouir de leurs facultés naturelles; qu'ils ne mangent et ne respirent jamais à l'aise; qu'ils s'infectent entr'eux et finissent par disparaître, après avoir mangé votre feuille inutilement? Sachez bien que le mérite et la gloire ne consistent pas à obtenir de petits résultats sur de grandes données, mais bien à retirer beaucoup de peu; qu'il est bien plus glorieux de pouvoir dire : j'ai obtenu quinze, vingt quintaux de cocons avec dix, douze onces de graine; le contentement en est plus grand, le coffre mieux rempli, la propriété mieux cultivée, la maison mieux approvisionnée, la famille plus joyeuse.

Abandonnez donc, comme un méchant héritage, cette ancienne routine que vous acceptez de père en fils; entrez dans les voies nouvelles que je vais vous tracer : vous vous en trouverez bien, soyez-en persuadés, et une fois dans le chemin du progrès, vous rougirez de votre passé, vous aurez honte de votre ignorance et il ne vous sera plus possible d'en sortir.

Autant éloigné de l'exagération des théories modernes que de l'ignorance du système ancien, je vais m'appliquer à décrire une éducation simple, naturelle, pouvant absorber toute l'intelligence de l'homme des champs et utiliser toutes les forces physiques dont il peut disposer, sans aller au-delà.

Simplicité, facilité, invariabilité, voilà mon épigraphe.

Le local que nous avons décrit plus haut offre six centimètres carrés de tables. Il pourrait suffire à la rigueur pour élever douze onces de graine ; cependant l'éducation qui va nous occuper ne sera que de dix onces ou bien de deux cent soixante grammes. C'est sur cette base que nous allons établir nos calculs et dérouler tout notre système.

CHAPITRE XXI.

—

Premier âge.

Dans l'avant-dernier chapitre, nous avons laissé dans le cabinet F, à la température de dix-neuf degrés Réaumur, nos vers sortis de l'étuve, logés sur sept étages de trois mètres carrés chacun, occupant à peu près la moitié de cette surface qu'ils doivent remplir en entier une fois parvenus à la première mue.

En entrant dans le premier âge, c'est-à-dire en sortant de la coque de l'œuf, les vers auront trois millimètres de longueur; ils mettront cinq jours à parcourir cette période et occuperont un espace de vingt mètres carrés dans leur plus grand développement. Il est tout-à-fait inutile, pour ne pas dire absurde, de vouloir fixer le nombre des repas que l'on doit donner à la larve dans ces premiers temps; ils doivent être aussi nombreux que possible et plus fréquents aux étages supérieurs, afin

13

de commencer à ramener l'égalité dans les diffé-
rents classements qu'auront nécessités les diverses
levées. Néanmoins, je dois faire observer que
chez tous les êtres en général l'habitude devient une
seconde nature ; dès-lors, il importe de ne pas ha-
bituer nos insectes à des repas trop multipliés dès
le principe, crainte de ne pouvoir les continuer
plus tard, ce qui pourrait causer un préjudice
considérable dans leur développement, surtout s'il
y avait une grande différence dans le chiffre.

J'ai adopté cinq repas chaque vingt-quatre heures
durant les trois premiers âges, et quatre seulement
dans les derniers, jusqu'à la fin de l'éducation.
Ce mode, que j'ai toujours employé, m'a réussi
parfaitement ; j'occupe suffisamment le personnel
de l'atelier en lui laissant le repos nécessaire. Il ne
faut demander au corps que ce qu'il peut donner,
que ce qu'il peut dépenser : qui veut trop n'a rien,
qui veut tout perd tout.

Le premier repas se donnera à cinq heures du
matin ; le deuxième à neuf heures et demie ; le
troisième à deux heures de l'après-midi ; le quatrième à six heures et demie ; de cette manière,
le repas de nuit durera six heures ; il facilitera le
personnel de la magnanerie, en lui permettant un
repos convenable, après une journée d'occupations
continuelles. Ce laps de temps favorisera encore

les vers pour mieux dévorer la feuille, malgré la
température ordinairement plus basse dans la nuit
que dans le jour ; la feuille se prêtera à cette combinaison en se conservant mieux et flétrissant
moins vite par une température moins élevée.

Une main légère et habile jettera le manger
sur les tables, sans se servir du tamis que conseillent plusieurs auteurs, et que nous rejetons comme
ustensile non pratique. Cette feuille tombera sur
toute la zône animée, d'une manière uniforme et
la dépassera même de quelques centimètres sur
tout son périmètre, afin de l'agrandir petit à petit
et à chaque repas, de telle façon qu'elle puisse
contenir totalement la surface qui lui a été assignée dans le premier âge, une fois parvenue à son
plus grand développement.

Si la température a été tenue régulièrement à
dix-neuf degrés Réaumur, les vers tomberont
malades au quatrième jour ; cet état s'annonce
par le ralentissement de l'appétit, qui, bientôt,
disparaît tout-à-fait, par la grosseur de la tête de
l'insecte qui se gonfle subitement et devient blanche et plissée. Cette partie du corps de l'animal
paraît extrêmement lourde dans ce moment ; elle
tremblote, ballotte, ne va que par soubresauts,
et finit par se fixer en tombant dans le néant. La
chenille, dans cette immobilité, ressemble fort à un

serpent qui se dresse pour livrer combat ; appuyée
seulement sur une partie du derrière de son corps,
elle relève la tête au-dessus de tous les objets qui
l'entourent, recherche les brindilles ou les tiges
des feuilles, où elle se quille pour respirer un air
plus abondant et plus pur, et, sous l'encolure de
la girafe, elle tombe en léthargie, et c'est dans cet
état que se prépare la mue dont le travail s'opère
au réveil de l'insecte. Ce que je dis ici pour le premier âge est applicable à la mue en général, et se
trouve bien plus apparent, quand le corps de l'insecte a grossi.

CHAPITRE XXII.

—

Deuxième âge.

La mue dure de vingt-quatre à trente-six heures, selon la température de la saison et surtout des nuits; car, malgré la bonne disposition des fourneaux et la surveillance la plus active sur le thermomètre, lorsque le froid est intense à l'extérieur, son influence s'exerce dans l'atelier un moment ou l'autre, et prolonge plus ou moins la durée de l'éducation et principalement de la mue qui peut aller jusqu'à quarante-huit heures.

Le thermomètre marquant continuellement dix-neuf degrés, les vers seront réveillés le sixième jour; c'est en ce moment que commence le deuxième âge; leur longueur sera double, elle atteindra six millimètres. Ils quitteront la couleur brun-foncé, et commenceront à paraître blancs. Cet âge ne se prolongera pas au-delà de quatre à cinq jours, avec la température régulière de dix-huit degrés ; c'est le plus court de l'éducation. Sur la fin de cette seconde phase, les chenilles de nos dix onces de graines occuperont quarante mètres carrés. Nous allons les faire arriver du cabinet **F** dans la pièce **C**, en nous servant de filet de transport en papier percé n° **1**.

Ces feuilles auront soixante centimètres de longueur, sur quarante centimètres de largeur ; il sera nécessaire d'avoir des demi-feuilles de trente centimètres sur quarante, et, avec ces différentes dimensions, l'on pourra couvrir toutes les tables de la magnanerie telle que nous l'avons décrite.

Pour former ces filets, l'on prend un rouleau de papier percé à la mécanique ; on en détache avec un ciseau le ruban blanc de chaque côté, en rasant les trous à demi-centimètre près, et l'on coupe la bande de papier à la largeur de quarante centimètres. De cette manière, les filets se trouvent avoir cette dernière dimension pour largeur, et la largeur du papier, qui est de soixante centimètres, devient leur longueur. On obtient les demi-feuilles en partageant celles-ci par le milieu, sur le côté de soixante centimètres, ce qui donnera alors trente centimètres sur quarante.

Les tables du cabinet **F**, ayant chacune deux

mètres de longueur sur un mètre cinquante centimètres de largeur , nécessiteront, pour se trouver
parfaitement recouvertes , dix grandes feuilles et
cinq demi-feuilles (F. 5) , soit soixante-dix grandes et trente-cinq petites pour les sept étages.
Ces papiers , une fois préparés et bien soignés , du-
reront fort longtemps d'une année à l'autre , et ,
aucune saleté ne s'y déposant , ils paraîtront toujours neufs.

Il faudra en couvrir les tables F, dès que les vers
paraîtront entièrement réveillés , et on les arrosera
de suite avec de la feuille de jeunes arbres , tendre
et coupée menue.

Quand les vers auront bien grimpé dessus , ce
qui est facile à reconnaître , en soulevant quelques
filets , il faut avoir de petites planches en bois
mince et léger (F. 6) , aux dimensions d'une
grande feuille , sur lesquelles on posera les filets
chargés de vers , en les saisissant par les deux
coins opposés en diagonale. Une personne prendra les
planches ainsi garnies , les portera dans la pièce C,
où se trouvera une autre personne chargée de
les recevoir et de les placer avec convenance
sur les claies de cette pièce. Le filet de papier
glisse avec les vers de dessus la planche , en donnant le mouvement du boulanger qui enfourne
son pain. Cette personne dispose les filets sur deux

rangs dans les tables, l'un en large, ayant soixante centimètres, l'autre en long, en ayant quarante. (F. 7), ce qui représente un mètre de superficie entre les deux, et attendu que les tables qui les reçoivent ont deux mètres de largeur, les vers en doublant les rempliront au juste en totalité.

Dans la pièce C, les étages ayant huit mètres de longueur, il faudra vingt feuilles dans le sens de quarante centimètres pour occuper cette ligne, et treize seulement dans le sens de soixante centimètres.

En conséquence, trente-trois feuilles seront nécessaires pour remplir la superficie d'un étage, et trois étages suffiront pour recevoir et loger à l'aise jusqu'à la deuxième mue tous les vers qui se trouvent dans le cabinet F. Dans ce cas, on utilisera les trois étages d'en bas, sans y comprendre jamais le rez-de-chaussée. En procédant ainsi, on trouvera plus de commodité dans le service, et la surveillance sera toujours plus facile, ayant le tout constamment sous les yeux et à la portée.

Pour agrandir les bandes animées, on agira de la même manière que dans l'âge précédent, c'est-à-dire qu'on jettera le manger en-delà du pourtour des rectangles formés par les chenilles, afin qu'arrivées à la fin de l'âge, elles se trouvent réunies et les tables lisses.

Les filets de transport se poseront à vingt-cinq centimètres des bandes et se trouveront, par conséquent, séparés au milieu du canis par une distance de cinquante centimètres (F. 7). La larve grandissant également de tous côtés, ces vides disparaîtront petit à petit, et bientôt les tables seront entièrement pleines. S'il arrivait que les vers fussent trop épais sur certains points, il faudrait pratiquer les dédoublements avant les derniers jours, pour les éclaircir et les rendre également unis.

Si deux personnes ou un plus grand nombre étaient chargées de donner à manger, il faudrait éviter qu'elles desservissent continuellement les mêmes tables et les mêmes côtés; elles devraient alternativement et à chaque repas, changer de position, afin que la chambrée reçoive la même nourriture dans tous les sens, et que les claies ne se trouvent pas plus chargées de litière sur un point que sur un autre.

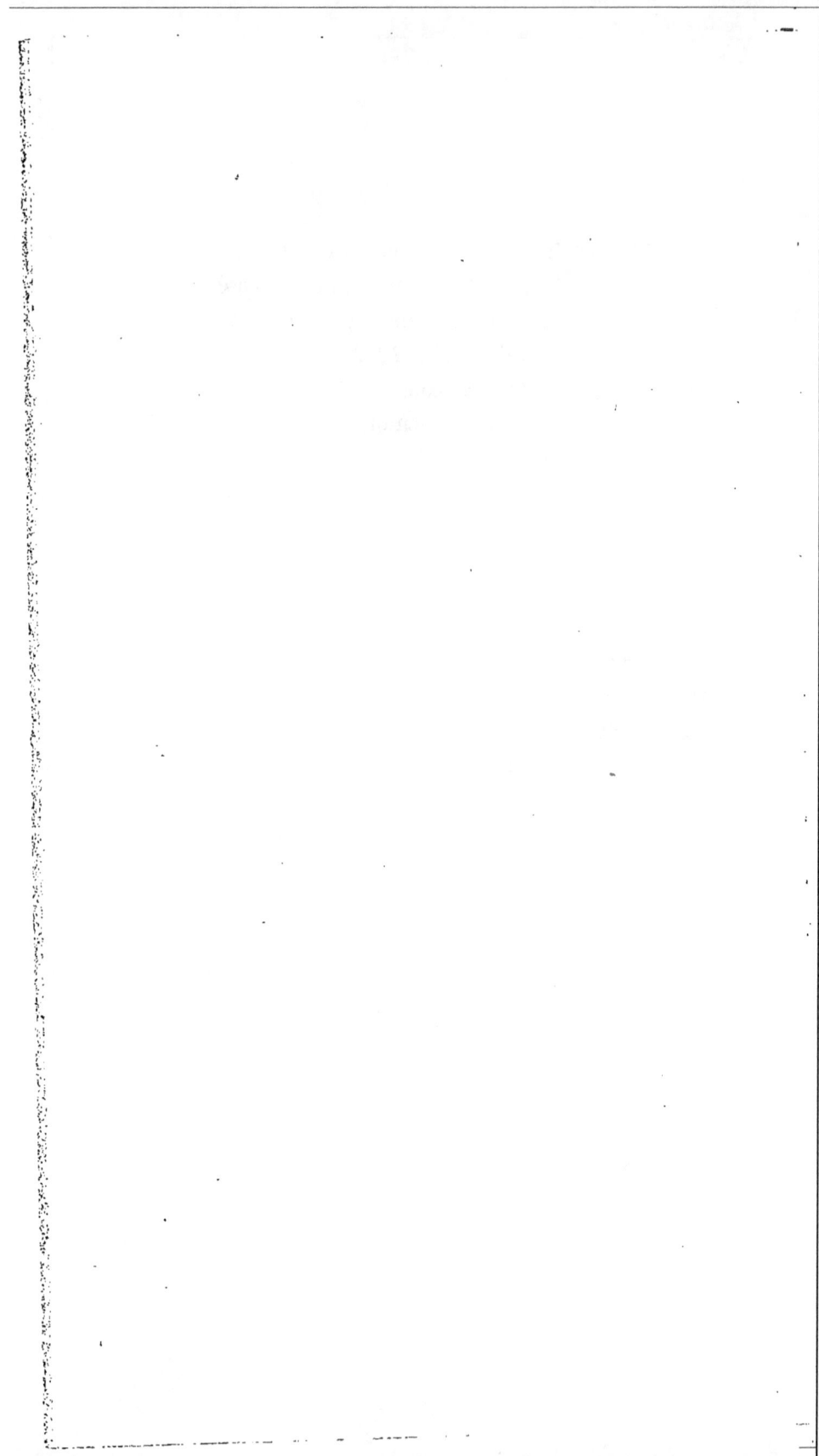

CHAPITRE XXIII.

—

Troisième âge.

En entrant dans le troisième âge, les vers auront quinze millimètres de longueur, et mettront
six jours à parcourir cette nouvelle phase.

Le thermomètre de la pièce B, dans laquelle
nous allons les transporter, marquera dix-sept
degrés avant leur apparition, et restera constamment sur ce point durant tout le cours de cet âge.
L'on voit que nous baissons la température au fur
et à mesure que les vers prennent de la force, et
que nous agissons en cela tout-à-fait en opposition avec la nature de l'insecte qui, logé en plein
air, voit, au contraire, l'atmosphère qui l'entoure
se réchauffer en avançant dans la vie, par le fait
de la marche naturelle de la saison. Cela s'explique
en ce sens que, placé isolément sur un arbre,
le ver-à-soie n'est jamais exposé à respirer les
exhalaisons putrides, les miasmes pestilentiels qui
s'échappent des litières, et qu'il se trouve cons-

tamment au milieu d'un air pur, continuellement agité, se jouant tout autour de son corps ; tandis que, sur les claies, il est privé de tous ces avantages, et le fumier sur lequel il est condamné à manger, à dormir, à passer sa vie entière, devient d'autant plus dangereux, qu'il augmente en volume et, par suite, en fermentation.

Or, comme il était impossible de ne pas augmenter la litière en augmentant le volume du manger, on a pensé pouvoir parer à cet inconvénient par les délitements, par l'abaissement progressif de la température et par la subdivision du local en autant de compartiments que les vers éprouvent de phases dans la vie, afin d'éviter que deux maladies se passent jamais dans la même pièce. Néanmoins, M. Robinet, ce savant sériciculteur, conseille une température invariable durant tout le cours de l'éducation, qu'il fixe à vingt degrés Réaumur. Je constate le fait seulement et me dispense d'émettre une opinion, n'en ayant pas fait encore une expérience approfondie. Après cette observation que j'ai jugé nécessaire de faire, nous allons reprendre la marche de nos petits amis, dont la société nous offre autant d'attraits que d'intérêts.

Les vers-à-soie, tels que nous les avons laissés dans la pièce C, occupaient quarante mètres carrés de claies environ. Ils devront en occuper cent mètres actuellement, en admettant que l'éducation ait marché d'une manière régulière et avec succès.

Nous les placerons sur huit étages dans la pièce B, attendu que les tables de chacun de ces étages offrent une surface de douze mètres carrés; et pour avoir toujours la même commodité dans le service, une fois que nous pouvons disposer d'un espace plus considérable qu'ils nous en faut, nous emploierons les trois étages d'en bas sur les deux ailes et le second d'en haut, ce qui fera bien huit étages de garnis, quatre de chaque côté, en laissant sans emploi le rez-de-chaussée et le marche-pied d'en haut, comme les plus incommodes ou les moins salubres.

L'on continuera de donner à cet âge cinq repas par jour aux heures indiquées, et lors même qu'il arriverait parfois que la feuille ne serait pas complètement dévorée, il n'en faudrait pas moins donner le repas à l'heure dite, seulement il devrait être dans ce dernier cas moins copieux que d'habitude.

Le transport des vers aura lieu de la même manière que dans l'âge précédent, et les feuilles seront également disposées sur les claies de la pièce B, attendu que leur largeur se trouve la même que dans la pièce C. Après avoir opéré la principale levée, s'il restait quelques vers endormis dans la litière en dessous des filets, on aurait soin de les confondre avec la levée qui suit, ou du moins avec celle qui coïnciderait avec leur réveil, en les enlevant avec des brins de mûriers que l'on jetterait près d'eux. On procédera de la même manière d'un étage à l'autre, et si, en définitive, il se trouvait quelques traînards dans la litière, on devra les sacrifier sans pitié ; ce sont généralement des vers maladifs, de mauvais vers, sur lesquels on ne doit jamais compter pour grossir la récolte.

Au cinquième jour, les vers tomberont malades et la troisième mue commencera.

CHAPITRE XXIV.

—

Quatrième âge.

Au quatrième âge, les vers auront trente-cinq millimètres de longueur et mettront sept jours à les parcourir. Ils occuperont une surface de deux cent quarante mètres; c'est pourquoi nous allons les passer dans la pièce A, qui est destinée à cette période et présente bien des dimensions assez spacieuses pour les loger commodément. Nous emploierons en tous points les mêmes moyens que dans les âges précédents pour les enlever, les transporter, les loger et les égaliser; car, dans les pièces A, B, C, les tables ont toutes les mêmes dimensions, et, comme nous trouvons dans celle-ci deux cent cinquante-six mètres de claies, nous pouvons facilement y loger ces vers, sans nous servir des étages du rez-de-chaussée que l'on n'emploiera qu'à la dernière extrémité.

Les chenilles, ayant actuellement pris de la force,

ne recevront que quatre repas par vingt-quatre heures, à six heures d'intervalle l'un de l'autre, en commençant par quatre heures du matin; ils devront être plus copieux que par le passé. Le même mode sera employé pour donner à manger et pour éclaircir la larve; seulement, on ne coupera la feuille que très-grossièrement.

Avec de la feuille fraîche, croquante, mondée, coupée et donnée convenablement, les déliments seront inutiles jusqu'à ce moment. S'il advenait une semaine de pluie ou d'humidité continue, alors il conviendrait d'opérer un délitement dans cet âge, en choisissant le moment le plus opportun. Ce délitement sur place se pratiquerait par les moyens que nous allons indiquer dans le chapitre suivant; mais, je le répète, avec un temps vif, sec et les précautions conseillées, l'on pourra s'en dispenser, surtout si, comme je l'ai déjà dit, l'on a la faculté de changer les vers à chaque mue dans une nouvelle pièce. Si je me montre aussi avare des déliments, c'est que cette opération est fort désagréable par elle-même et qu'ensuite elle soulève dans l'atelier les mauvaises odeurs, sans compter le dérangement et les secousses qu'éprouvent nécessairement les insectes, surtout lorsqu'on ne se sert pas de filets.

Si l'on ne pouvait pas changer de pièce au sortir

de la mue, il deviendrait alors rigoureux de délierter sur place à chaque maladie. Dans l'un et l'autre cas, les vers, au sortir de leur léthargie, ne recevront le premier aliment que pour être enlevés et délités.

On ne doit jamais donner à manger sur la litière, si ce n'est, comme je viens de le dire, pour changer les insectes, lorsqu'on ne se sert pas de filets et qu'on emploie les brins de mûriers dans cette opération.

Lorsque les vers doivent rester sur la même table, il faut attendre que le réveil soit général, afin de pouvoir les enlever tous à la fois; le jeûne ne tue pas, tandis qu'en donnant un repas aux plus diligents, pour attendre que tous soient sortis de la mue et dans la crainte qu'ils ne souffrissent, il se trouverait, mêlés ensemble, des vers qui auraient déjà pris un repas, lorsqu'on jetterait les filets ou les brins de mûriers pour l'enlèvement, ce qui produirait inévitablement une inégalité sensible dans la larve et jetterait plus tard la perturbation dans la chambrée en procédant de la même manière à toutes les maladies.

14

CHAPITRE XXV.

—

Cinquième âge.

Le cinquième et dernier âge du ver-à-soie se trouve le plus long et le plus critique. Il se divise en deux périodes bien distinctes : la première comprend la fin de la vie de la chenille jusqu'à son ascension ; la seconde nous représente cette même chenille, fuyant l'aliment qu'on lui jette et qu'elle recherchait auparavant avec tant d'avidité. C'est alors que l'insecte monte sur le bois, qu'il vomit de son bec ce fil précieux qu'il avait entassé petit à petit dans ses réservoirs soyeux, et qu'il fabrique en ouvrier habile son joli cocon, par un travail incessant et actif. Une fois entièrement dégagé des matières sétifères qu'il portait intérieurement, il passe à l'état de chrysalide, et plus tard s'opère sa transformation en animal parfait. Il devient alors papillon et sort du cocon dans lequel il s'était renfermé, en pratiquant son issue par un des pôles du petit ballon. Cette métamorphose vraiment miraculeuse nous ramenant au point d'où nous sommes parti et désirant ne pas sortir du cercle que nous nous sommes tracé, nous pensons avoir fini notre tâche après la description de ce travail, laissant à d'autres le soin de parler de l'état sétifère. Nous nous estimerons heureux si, comme notre intéressant élève, nous pouvons ne pas mourir; si comme lui nous pouvons revivre à chaque printemps et reparaître dans la magnanerie pour lui servir encore de guide et d'ami.

La première phase du cinquième âge s'accomplit dans l'espace de huit à neuf jours, à la température de dix-sept degrés au moins. On ne doit pas aller au-dessous; il vaut mieux dix-huit que seize, quelques degrés de plus ne tuent pas le ver; quelques degrés de moins l'engourdissent, le paralysent et peuvent lui faire un mal irréparable.

Arrivés aux cinquième, sixième et septième jours de cet âge, les vers acquièrent un appétit vorace; ils sont alors en fraise, et des approvisionnements importants de feuilles deviennent indispensables: il faut jusqu'à cinq cents kilogrammes de feuilles par repas; il est difficile de se faire à l'idée que tant d'aliment soit dévoré par d'aussi petites bêtes et dans si peu de temps. L'état de l'atelier, après avoir jeté la feuille dans ces trois ou quatre journées, est tout-à-fait curieux à observer : cette fourmilière d'insectes produit un tel bruissement par l'effet de la mâchoire qui scie la feuille, qu'on croirait entendre une forte averse fondant instantanément sur la toiture ; d'un autre côté, le mouvement précipité de la tête de l'animal cherchant à satisfaire son appétit glouton, les feuilles qui se présentent bientôt dentelées, l'instinct sympathique, tout nous invite à imiter nos petits ravageurs et à regagner la table, surtout s'il sonne midi et que l'on soit sur pied depuis quatre heures du matin, ce qui arrive assez souvent à cette époque.

Les vers, arrivés à l'apogée de leur grosseur, obtiennent jusqu'à la longueur de dix centimètres ; mais ils se rapetissent bientôt, leur appétit baissant rapidement. Ils se vident alors de toutes humeurs et de tous excréments, de telle sorte que le corps de l'insecte n'est plus qu'un composé de matières soyeuses, avec le principe vital qui reste pour les diriger.

Dès que l'on s'aperçoit que le ver fuit le manger, qu'il glisse sur la feuille fraîche, qu'il relève son museau pointu, qu'il court sur le bord des claies et qu'il prend une couleur transparente et dorée, c'est le moment de poser la bruyère, et alors commence la seconde phase du cinquième âge qui dure sept à huit jours encore ; en effet :

Il faut trois jours à notre habile tisserand pour déposer entièrement sa soie et terminer son ouvrage ; après cela, il se convertit en chrysalide ou momie ; mais, comme tous les vers ne terminent pas en même temps leur cocon et leur métamorphose, il est prudent de laisser l'intervalle de sept à huit jours entre la montée et le déramage, pour ne pas s'exposer à enlever des cocons dans lesquels il se trouverait encore des vers sans transformation.

Dès ce moment, les peines et les soins ont fini, et une fois le repas de bois donné, toutes les dépenses sont faites, tous les tracas ont cessé ; il ne reste plus qu'à déramer et à retirer d'argent, et ces jours sont des jours de fête pour la maison, lorsque la récolte se trouve satisfaisante.

La joie préside ordinairement au décoconnage ; les quolibets et les chansonnettes des jeunes filles viennent égayer le travail et font oublier les fatigues de la dernière quinzaine.

En quittant ces considérations générales, nous allons retrouver et suivre pas à pas nos intéressantes chenilles jusqu'à la fin de leur carrière.

Nous les avons laissées endormies dans la pièce A, pour faire leur quatrième et dernière mue ; nous les y retrouvons parfaitement réveillées ; elles agitent leurs têtes en tous sens et semblent demander

à manger. En soufflant dessus les tables, elles apparaissent comme un champ de blé agité par le vent,
au moment où les épis sont prêts à mûrir, ou
comme des ondulations d'une mer agitée.

La surface qu'elles occupent actuellement est trop
vaste pour penser à les enlever sur les papiers en
feuilles détachées ; nous y suppléerons en nous
servant de filets en bandes de papier ayant pour
longueur la largeur des tables ; nous allons les préparer pour les délitements.

Ces bandes seront détachées d'un rouleau de
papier percé, n° 3, à la longueur de la largeur
des claies ; leur largeur sera celle du rouleau, c'est-
à-dire soixante centimètres. La quantité de ces
feuilles sera suffisante, pourvu que l'on puisse en
garnir cinq à six étages. Une fois placées, on les
couvrira de feuilles de mûrier dans leur état naturel, sans être coupées, et lorsqu'on jugera que
tous les vers réveillés et valides s'y trouvent montés, on les enlèvera à la main en prenant le feuillage sur lequel ils se trouvent pour les poser sur les
tablettes de transport, qui devront servir à les
transvaser dans les pièces B, C, disposées convenablement pour les recevoir, tant sous le rapport de
la propreté et de l'assainissement, que pour la température qui doit être à dix-sept degrés.

On fera deux bandes de ce feuillage animé sur

chaque table, de cinquante centimètres de largeur, rasant les extrémités des claies à vingt-cinq centimètres près, et séparées, par conséquent, sur le milieu par un vide de cinquante centimètres (F. 8).

En donnant à manger, comme par le passé, les vers occuperont bientôt toute l'étendue des tables; car dans ce moment ils prennent une extension si extraordinaire et si rapide, qu'on croit les voir grossir à vue d'œil à chaque repas qu'on leur donne. Par le secours des rameaux sur lesquels mangent les insectes, il est toujours facile de les éclaircir sur les points où il se trouveront trop épais, et de remplir les tables d'une manière uniforme. Le ver se trouvant actuellement fort, on peut le manier sans danger et le changer de place sans craindre aucun accident. Lorsque j'emploie les filets immobiles pour les enlever de dessus la litière, c'est afin de ne prendre que les vers sortis de la mue et valides, et s'il en restait quelques-uns en dessous, ils sont ordinairement malades ou chétifs, et ne valent pas trop la peine qu'on les ramasse. Cependant on peut les trier un à un, et les placer dans une pièce à part; sinon, on les laissera dans la litière en la jetant au fumier. Dans tous les cas, ils ne pourront pas se mêler avec les vers sains et robustes, qui auront

pris le dessus du feuillage en traversant par les
trous du papier. En n'usant pas de ces filets, et
se servant, comme on fait communément, de brins
de mûriers, on s'expose à emporter les bons et les
mauvais vers, et à former ainsi, non-seulement
des inégalités incessantes, mais à semer sans s'en
douter, la maladie et la mort dans la magnanerie ;
surtout lorsque les rameaux se trouvent promptement dévorés et qu'il n'en reste que le squelette.

Alors, en les soulevant, on emporte tout : la feuille
fraîche et la litière, les vers sortis de la maladie
et ceux qui sont encore en mue, les bons et les
mauvais ; bref, la confusion devient générale et
si grande, que c'est à peu près comme s'ils étaient
encore sur la même couche de fumier, d'où l'on
avait voulu les retirer, avec la seule différence
que la nouvelle litière sent plus mauvais qu'auparavant, en ce sens qu'elle a été remuée.

Après avoir rempli les étages B. C., il faut déliter les étages qu'on a dégarnis de vers dans la
pièce A, et répandre également partout dans cette
pièce les vers qu'il y restera, après avoir fait disparaître entièrement les litières.

Cette opération terminée, la larve, dans le dernier âge, occupera les pièces A. B. C. qui offrent
un local assez spacieux, pour pouvoir espérer de
beaux et bons cocons, avec une petite quantité de

double, les vers se trouvant à leur aise, tant pour leur nourriture que pour filer leur tissu.

On donnera régulièrement, durant le cours de cet âge, quatre repas par vingt-quatre heures, et, comme les insectes deviennent d'un appétit vorace, on pourra les multiplier par des repas intermédiaires, s'ils sont jugés insuffisants. Je me garderai bien de dire, comme certains auteurs recommandables pourtant : tel jour vous donnerez telle quantité de feuilles, et tel autre telle autre quantité ; c'est plus qu'une erreur, c'est une folie que de semblables conseils. Les vers mangent plus ou moins, selon qu'ils sont plus ou moins conservés, que la température est plus ou moins élevée, plus ou moins vive, qu'ils sont enfin plus ou moins dispos. L'éducateur sur ce point doit agir d'après son bon jugement, en ne consultant jamais que l'appétit de ses élèves. Il ne faut pas être besoigneux dans cet âge pour donner la feuille ; on doit la jeter à profusion, à pleine main ; vaut mieux trop que pas assez. Les vers prospèrent d'autant plus et donnent d'autant plus de soie, qu'ils ont été plus avides et qu'ils ont plus mangé de feuilles.

L'expérience nous prouve que la fréquence des repas économise la feuille, réduit considérablement la durée de l'éducation, et, par consé-

— 219 —

quent, les chances d'insuccès ; elle donne aux
vers un développement plus actif et bien plus
considérable que s'ils n'avaient reçu que deux ou
trois repas par vingt-quatre heures, et eussent pro-
longé leur existence durant quarante à cinquante
jours, comme on le pratique encore chez le plus
grand nombre des éducateurs des Cevennes. Quand
l'estomac est chaud et le ventre plein, on brave
bien mieux les intempéries de l'air, et le cheval
qui a mangé l'avoine arrive bien plus vite à sa
destination et surmonte plus facilement les obta-
cles qui peuvent se présenter en route.

La feuille doit être, autant que possible, fraîche,
consistante et croquante. S'il arrivait qu'elle eût
séché dans le magasin, ou que le soleil l'eût fanée,
soit aux champs, soit durant le transport, on la
jetterait sans balancer, si le mal paraissait grave,
et que l'on fût en mesure de la remplacer sans
peine ; dans le cas contraire, si l'atteinte portée à
la qualité, était peu de chose, ou que l'on fût privé
de feuille pour un certain laps de temps, alors on
l'aspergerait avec de l'eau, on la vannerait à la
fourche, et, après quelques heures de repos, elle
reprendrait une certaine fraîcheur, qui n'appro-
cherait jamais, bien entendu, de son état naturel,
mais qui pourrait la rendre mangeable et profitable.

Le mouillage d'une feuille excessivement sèche peut aller jusqu'à un cinquième d'eau de son poids ; il doit se faire avec un arrosoir à pomme. Si la feuille était seulement fanée, on pourrait la laisser coucher en plein air, exposée à la rosée durant toute la nuit, et ne l'enfermer qu'au lever du soleil dans le magasin ; l'absorption de cette rosée lui procurerait sa fraîcheur naturelle.

Si, au contraire, on était forcé de cueillir de la feuille mouillée, il faudrait, pour la sécher, la porter dans une aire ou dans une prairie nouvellement fauchée, et là, profitant d'une lueur de soleil, ou d'un moment de relâche de pluie, il faudrait l'agiter continuellement à la fourche ; par cette manœuvre, peu de temps suffirait pour la rendre dans un état désirable, qui permettrait d'en alimenter les vers-à-soie.

D'autres moyens sont employés en pareille circonstance : tantôt on balance la feuille dans des draps en toile souple et spongieuse, pour en absorber l'humidité ; tantôt on l'étend sur des claies exposées à un courant d'air ou sur les étages de la magnanerie non encore occupés ; tantôt on l'agite près de la flamme ; mais tous ces moyens ne sont praticables que pour de petites quantités, et ne peuvent s'utiliser que dans les premiers âges. Ce qui doit rassurer le magnanier dans une posi-

tion semblable , c'est que l'expérience prouve que
l'eau ne tue pas le ver-à-soie; j'en citerai pour
preuve l'usage adopté par beaucoup d'éducateurs ,
de plonger dans un baquet rempli d'eau les vers
traînards qui se trouvent sous la bruyère , pour les
laver et les nettoyer de toutes les saletés qu'ils ont
reçues des vers plus diligents à monter sur les bois.
Après l'opération que nous citons , les insectes sont
exposés à l'air , au soleil même , ou dans une pièce
à une température plus élevée ; ils montent subitement sur la bruyère et font des cocons aussi beaux
et aussi bons que les autres. Il m'est encore arrivé
bien souvent que , par suite d'un orage , la pluie
ait pénétré sur les tables de ma magnanerie ; qu'elle
ait submergé , en ne pouvant filtrer à travers le
papier , les vers sur certains points , sans que cela
les ait fait périr ni même contrariés le moins du
monde. On cite encore des établissements , envahis
par le débordement des ruisseaux voisins , donner
de très-belles récoltes , malgré la submersion mo-
mentanée des insectes. Il convient néanmoins d'éviter autant que possible de donner à manger de la
feuille mouillée ; le manque d'un repas ne tue pas
l'insecte ; mais , si le mauvais temps persistait fort
longtemps , on doit se décider à jeter de la feuille
mouillée sans craindre aucun accident , ces repas
ne se renouvelant pas indéfiniment.

Il est arrivé que, deux ou trois jours durant une pluie battante et continue, on s'est vu dans l'impossibilité de donner à manger aux chenilles, et que, malgré cette rude abstinence, l'éducation n'en a pas été moins prospère ; comme aussi l'on a obtenu une bonne récolte avec des vers qui avaient supporté à leur naissance quinze à vingt jours de jeûne.

Il est bon que l'éducateur connaisse toutes ces circonstances qui prouvent en faveur de la forte constitution de l'insecte qui produit la soie. Cela peut au besoin le tranquilliser et le préserver du désespoir ; mais il est bon aussi qu'il sache qu'on ne doit pas bénévolement provoquer de semblables épreuves ; qu'il convient, au contraire, de les éloigner, de les rejeter autant que possible, crainte de ne voir se réaliser un effet contraire à celui qu'on attend, dont la conséquence serait un échec.

Dans des positions semblables, certains auteurs, qui ne sont pas partisans du jeûne, conseillent de jeter abondamment sur la feuille mouillée du gros son ou des sciures de bois, dans le but d'absorber l'eau par ces corps spongieux ; les vers mangent la feuille en faisant glisser avec leur museau toute cette poudre grossière et n'en éprouvent aucun préjudice. L'on peut encore, pour hâter la préparation de la feuille qui se trouve dans l'état

que nous venons de décrire, la passer sur un pavé
de briques qui absorbera instantanément une grande
portion du liquide. Tous ces moyens sont très-ingénieux, mais ils sont loin d'offrir un remède
radical : l'inconvénient est amoindri, mais il ne
disparaît pas en entier.

Comme la pluie et l'humidité, une sècheresse
excessive offre des dangers bien graves pour les
vers-à-soie ; elle nuit également à l'insecte et à
la feuille, dès l'instant qu'elle passe dans la magnanerie et qu'elle tombe sur les tables. A peine
est-elle frappée par une atmosphère sèche ou
chaude, qu'elle se flétrit et se fane, surtout si elle
n'est pas nerveuse et consistante ; alors le ver
glisse dessus sans y toucher, ou bien, s'il est
forcé d'en faire sa nourriture, il peut en résulter
des accidents très-graves pour sa santé.

On pare à la sècheressse, en arrosant fortement
le plancher de l'établissement ainsi que le rez-de-
chaussée. On va même jusqu'à jeter de l'eau sur
la feuille quoique dans un état de fraîcheur désirable, afin qu'elle se conserve plus croquante et
qu'elle répande l'humidité sur tous les étages de
l'atelier.

Il faut pratiquer ces arrosages toutes les fois que
l'hygromètre descendra aux environs de soixante
degrés ; ils deviendraient encore plus urgents, s'il

baissait au-dessous. Il faudrait alors le ramener de soixante-dix à quatre-vingts degrés, ce qui n'offre pas de difficulté, en employant les moyens que nous venons d'indiquer.

Comme je l'ai déjà dit, la feuille sera coupée jusqu'à la fin du quatrième âge dans des proportions différentes eu égard à la force de l'insecte. Dans ce travail, on se servira tout simplement d'un couteau à lame bien affilée ; c'est là le meilleur coupe-feuille que je connaisse. Il n'échauffe, ne mâche ni ne déchire pas la feuille, comme l'instrument mécanique ; il n'y procure aucun suc, et ne fait point ressortir, surtout, cette odeur *sui generis*, si forte et si désagréable, qui pourrait dégoûter l'animal, et, par suite, le contrarier dans son développement.

Les personnes employées à l'atelier utiliseront leurs moments perdus à couper cette feuille ; elles feront autant de travail en se servant de couteaux, qu'en faisant usage d'un coupe-feuille. On n'aura qu'à placer une longue et large planche à un mètre du sol ; six personnes pourront s'y asseoir, trois de chaque côté, deux au centre et quatre sur les extrémités. On portera la feuille en tas dans les intermittences, et, la prenant à poignée, on la coupera avec le couteau et on la laissera tomber sous planche où se trouveront étendus des draps en toile pour la ramasser avec plus de facilité.

Du septième jour en sus, on aura soin d'enlever les brindilles qui peuvent se trouver dans la feuille, ainsi que toutes les pousses solides auxquelles aboutit la tige des feuilles, afin que le ver ne puisse pas trouver un seul point d'appui pour fixer son fil et déposer son cocon; car tous les cocons qui gisent sur la litière se trouvent imparfaits, et, par suite, toujours rejetés. Dans cet âge, on devra nettoyer les claies au moins chaque trois jours, ce qui exigera deux délitements. Le dernier aura lieu au moment où les vers apparaîtront jaunes-transparents, et dès l'instant qu'ils seront appropris, mûrs et prêts à monter, on posera la bruyère.

Pour opérer ces délitements, je me sers de bandes de papier n° 3, que nous avons employées pour changer nos chenilles au sortir de la quatrième mue.

Je couvre six étages de ces feuilles, et je donne à manger par dessus. Dès que je me suis assuré que tous les vers sont montés sur les papiers du premier étage, j'ai une planche de la largeur de la feuille, c'est-à-dire de soixante centimètres, et de deux mètres et dix centimètres de longueur, pour qu'elle puisse reposer sur les rebords des claies; j'y place dessus une de ces feuilles, avec les vers, que deux personnes soulèvent par les quatre coins, et je pose la planche sur une autre claie ou bien à terre.

15

J'enlève de suite la litière de cette partie que j'ai dépouillée de ses vers, et lorsqu'elle se trouve parfaitement nettoyée, je renverse dessus la feuille qui suit chargée de ses vers. Je nettoie l'emplacement de la seconde feuille, et y renverse les vers de la troisième, et ainsi de suite jusqu'à la fin. On remplira le vide qui se trouve au bout de chaque table par le transport d'une feuille de l'étage qui suit, et, en définitive, le vide qui se trouvera au dernier étage que l'on délite sera comblé par les vers qui reposent sur la planche. Dès l'instant qu'un étage est fini de déliter, on jette les papiers qui le recouvraient sur celui qui suit, et l'on donne à manger immédiatement. En procédant ainsi, six nouveaux étages se trouveront prêts à déliter, quand le délitement sera opéré sur les six premiers, ce qui se reproduira jusqu'à la fin.

Si l'on avait des feuilles de papier pour garnir la magnanerie à double, alors il ne serait pas nécessaire de verser les chenilles de dessus les feuilles; il suffirait de transporter avec les vers la feuille qui suit en remplacement de celle que l'on vient d'enlever. Ce serait infiniment plus commode et surtout plus avantageux.

Les personnes qui n'auraient pas de filets de papier, ni de lin, se serviront de brins de mûriers, qu'on jettera sur les vers à l'heure du repas, et qu'on enlèvera dès qu'ils seront garnis d'insectes. L'on doit être convaincu que ce moyen ne vaut pas la manœuvre des filets qui n'enlève jamais un vers en mue ni malade.

Je dois faire observer que je préfère les filets de papier à ceux de lin, par rapport à l'inconvénient que présentent les insectes, qui s'y attrapent par les pattes. Une fois pris de cette manière, on a beaucoup de peine à les en détacher.

Le dernier délitement devra se faire, s'il est possible, la veille du ramage, pour éviter que la litière soit trop abondante au moment de l'ascension.

La pose du bois est généralement une opération difficile, longue, ennuyeuse et presque toujours mauvaise. Elle se fait à la précipitée; aussi, s'écrase-t-il beaucoup de vers, tout le monde n'étant pas apte à distribuer et à placer la bruyère convenablement.

D'un autre côté, elle offre de grands inconvénients, par la raison qu'elle se fait presque toujours trop tôt, dans la crainte de n'être pas à temps à arrêter les vers les plus diligents. Il résulte de cet encabanage prématuré que les quelques vers qui grimpent les premiers sur les bois inondent, en se vidant de leur matière, ceux qui se trouvent placés au-dessous d'eux, et les empêchent de circuler par ce liquide gluant qui va se coller dans les articulations de l'animal. Pour éviter ces inconvénients, voici les moyens que j'ai trouvés, moyens bien simples, bien faciles, qui permettent de faire commodément et à l'aise ce qu'il fallait faire dans la gêne et avec précipitation.

J'ai des filets en petites cordes à la longueur et à la largeur des étages, mailles carrées de vingt-cinq centimètres (F. 9). Je les place bien tendus au-dessous des canis, et les attache par des ganses à des clous ou crochets qui se trouvent plantés en dehors des bandes, à vingt-cinq centimètres l'un de l'autre.

En touchant aux supports des étages, je passe les ficelles longitudinales de ces filets dans des pitons ouverts vissés à ces supports, aussi à vingt-cinq centimètres de distance, afin qu'ils soient mieux tendus, et pour éviter qu'il se forme des bourses sur le milieu des filets par suite du poids de la bruyère.

Je garnis très-faiblement, d'un bois aussi léger que possible, l'intervalle qui se trouve entre le filet et le canis, et lorsque je m'aperçois que les insectes sont bien mûrs, je place des échelles pour les faire monter, à la distance de cinquante centimètres en long et de dix centimètres en large.

Ces échelles sont faites des pousses de mûriers, provenant de la taille des arbres, que l'on rogne à la hauteur des étages. On peut les conserver d'une année à l'autre, en les rangeant en fagots. Elles reposent sur la litière et aboutissent à la bruyère; c'est par là que montent les vers, et comme nous avons eu soin d'attendre qu'ils fussent bien préparés à l'ascension avant que de les poser, cette ascension s'effectue promptement, et quelques heures suffisent pour déblayer totalement les tables des insectes. On passe les quelques traînards dans les cabinets, où se trouvent des tables préparées pour les recevoir, avec les bois posés en fascines, pour que les chenilles y montent et s'y logent plus facilement. On enlève ensuite les bâtons, puis la litière que rien n'entrave, en l a roulant comme une pièce de toile. C'est alors qu'on peut admirer le zèle de tous ces intéressants ouvriers, appliqués à fabriquer leurs cocons à qui mieux mieux, sans craindre qu'aucune odeur, qu'aucun accident ne vienne les déranger dans leur travail, la litière ayant complètement disparu et la circulation de l'air se trouvant partout maintenue; ce qui n'a pas lieu avec le massif des cabanons, le plus souvent surchargés de bois et toujours étouffés.

Les personnes qui ne seront pas en mesure

d'employer ce ramage useront de l'encabanage ordinaire, qui consiste à former des arceaux à cinquante centimètres de base, dont le ceintre va se fermer en dessous de la table supérieure. Les traînards s'enlèveront de la même manière que nous avons indiquée, et on les transportera dans les cabinets; car, si l'on négligeait ces précautions, et qu'on les laissât sous les cabanons, ils péri‑raient en grande partie, par suite du liquide qui se fige dans leurs articulations, et les paralyse immédiatement.

Ces échelles en bâtons ont apparu dès l'abord à mon imagination et je les ai employées dans mes premiers essais; mais j'ai trouvé bientôt dans la pratique que la pose en était encore trop longue et qu'elle ne parait en rien à l'inconvénient du mode ordinaire en ce qui concerne les vers rac‑courcis. J'ai la ferme conviction que cette dernière maladie provient principalement de la recher‑che infructueuse du pied des buissons, souvent trop éloigné de l'insecte, ou bien placé à l'écart de sa rencontre. C'est pour obvier à ces inconvé‑nients et pour maintenir tous les avantages des bâ‑tons, soit pour jeter le manger, enlever les litières et conserver la circulation de l'air dans les nouvelles régions où se trouve logé le ver tisserand, que j'ai imaginé le genre d'échelles que je vais décrire.

Je place tout simplement sur un liteau de sapin de la largeur de deux centimètres et demi les petits bâtons en les enchâssant soit par des trous, soit par des rainures avec des pointes de Paris, à la distance de dix centimètres l'un de l'autre. Ce morceau de planche aura en longueur la largeur des étages, et les bûches que l'on y fixera seront des carrelés de sapin d'un centimètre carré, sciés seulement sans être polis, afin que le ver y grimpe plus facilement; elles seront pointues à la cime pour pouvoir entrer dans la bruyère et auront la longueur de quarante centimètres. L'enchâssement par rainures est préférable aux trous, en ce sens qu'il est plus courant; il aura lieu moitié d'un côté et moitié de l'autre. L'on peut utiliser les bûches de mûrier; mais, en carrelés de sapin, l'ouvrage est plus propre et plus solide (F. 10).

Lorsqu'on veut les placer, on n'a qu'à les étendre sur la feuille, les pointes allant aboutir à la bruyère; une fois l'ascension finie, on les enlève et de suite on roule la litière que l'on jette à la basse-cour. L'on peut prévoir déjà tout l'avantage qu'il doit résulter d'un semblable procédé, tant sous le rapport du temps que de la commodité. Le ver, rencontrant le liteau, le prend pour fil conducteur, et le voilà de suite à grimper à la première bûche qu'il rencontre dans ses ondulations sur le liteau.

Les chûtes ensuite deviennent fort rares, le ver se trouvant posé horizontalement dans son travail et la bruyère ne dépassant pas les limites des tables.

L'on peut poser la bruyère au mois de janvier comme à toute autre époque de l'année, en cherchant à utiliser les moments perdus des ouvriers. Cette bruyère logée dans les filets ne dérange en rien la direction de l'éducation ; les tables sont toujours libres, soit pour recevoir le manger, soit pour opérer les délitements, et l'on est à l'abri d'endommager les vers-à-soie dans cette saison. Ce serait même un grand avantage de poser le bois avant que de jeter la graine à l'étuve ; on n'aurait plus qu'à placer les échelles lorsque les vers seraient prêts à monter, et ce travail se ferait sans aucun dérangement. Dans ces prévisions, on pourrait donner dix centimètres de hauteur de plus aux étages et avoir toujours son bois placé dans les filets en commençant l'éducation. Je ne saurai trop recommander l'adoption de ce procédé qui, je l'espère, sera généralement mis en usage, comme le plus simple et le plus avantageux.

Dès l'instant que les échelles seront posées, deux personnes au moins devront s'occuper jour et nuit à piquer les vers qu'elles rencontreront errant et rôdant çà et là sur les bords des claies ; comme ceux à museaux pointus, qui, logés sur des feuilles

fraîches, ne mangent plus et lèvent continuellement la tête. Par ces précautions, on utilisera non-
seulement les forces de l'insecte qui s'épuise inutilement à ramper et finit par devenir court, mais
encore on évitera qu'il ne salisse la feuille et qu'il
ne dérange d'autres vers qui mangent ou qui tra-
vaillent

Cette opération se fait en saisissant l'animal avec
deux doigts au-dessous des tempes. Dès qu'il se sent
touché, semblable au scorpion, il replie la partie
inférieure de son corps en demi-cercle ; c'est ce
moment qu'il faut épier et dont on doit profiter
pour l'appliquer contre le bois par le ventre. Dès
qu'il touche un point d'appui, il s'y cramponne et
rampe à l'instant même pour choisir une place favorable où il puisse filer son cocon. On peut aussi
le déposer sur la bave, il y restera et travaillera
de suite. Que les éducateurs prennent ces observations en considération : elles sont de la plus haute
importance. L'on ne doit cesser de tourner et de
retourner autour des tables pour ramasser les vers
de ce genre, que lorsqu'on voit les tables entièrement dégarnies et l'ascension terminée.

Ces mêmes personnes ramasseront encore les
quelques vers qui se laissent tomber et elles les
porteront dans les cabinets pour qu'ils puissent plus
facilement se placer sur la bruyère disposée à cet

effet, et afin qu'ils ne salissent pas les cocons dans le cas qu'ils se trouveraient endommagés et qu'on les placerait sur les bois.

Pour obtenir, je le répète, le chiffre de quatre-vingts kilogrammes de cocons par vingt-six grammes de graine, il faut nécessairement des soins très-minutieux et incessants. Ce résultat équivaut au rendement complet de ma graine avec dix pour cent de perte seulement; car, cette graine ayant environ trente-deux mille œufs à l'once et cent cinquante cocons pesant quatre cent treize grammes, son produit au maximum ne peut être que de quatre-vingt-neuf kilogrammes, en admettant que tout vînt à bien dans les mêmes proportions. C'est pourquoi l'on doit chercher à sauvegarder cet insecte par tous les moyens imaginables, en employant toujours les plus simples, afin de pouvoir les mettre à la portée de tout le monde. C'est encore dans ce but que j'ai imaginé le parachûte que je vais décrire, destiné à préserver de la mort les vers qui se laissent tomber du haut de la bruyère; ce qui est d'autant plus regrettable que tous les frais sont faits à cette heure et que le corps de l'animal n'est plus qu'un composé de matières soyeuses prêtes à dévider et à convertir en fil de soie.

Ce parachûte n'est autre chose qu'une bande

de toile écrue, de vingt centimètres de largeur
et de la longueur des étages; on forme à cette
toile dans sa longueur un ourlet de chaque côté
dans lesquels on enferme une corde de la grosseur
du tuyau d'une plume. Ces deux cordes viennent
s'attacher à des barreaux de fer fixés à chaque
extrémité de la toile dans sa largeur et destinés à
la tendre à volonté (F. 11).

Le barreau 1 aura deux petits trous de chaque
côté, auxquels aboutiront les cordes, et le crochet 2
sera rivé sur son centre, en laissant au barreau
la facilité de tourner à volonté. Le barreau 3 aura
les mêmes trous sur les extrémités et aux mêmes
fins; mais, au lieu d'avoir un crochet sur son
centre, ce sera tout simplement un trou dans
lequel passera le boulon à vis 4, dont la pointe
entrera dans le piton 5, fixé au poteau extérieur
du coin de l'échafaudage, et la clé à écroux 6
servira à tendre la toile, attendu que le crochet 2
se trouvera passé dans le piton 7, fixé à son tour
au poteau opposé. Cette toile sera placée au haut
de l'étage inférieur et se trouvera légèrement in-
clinée sur la table, de telle façon que le ver qui
se laissera aller du haut de la bruyère se trouvera lancé sur cette table par l'effet élastique de la
toile, sans éprouver le moindre dommage.

Lorsqu'on donnera à manger, pour que cette

toile ne contrarie en rien les personnes chargées de ce soin, on la placera dans une position verticale, ce qui sera très-facile à faire, une fois que les barreaux tournent autour du crochet 2 et du boulon 4. Un léger coup de main sur les barreaux suffira, et, dans cette position, la toile ne tiendra plus de place.

Après avoir décoconné, si l'on veut conserver le bois pour l'année suivante, on n'a qu'à le passer à la flamme pour le débarrasser de sa blaise, et le mettre en petits fagots pour le loger plus commodément. Il peut en cet état être utilisé sans danger, et présentera même l'avantage d'avoir toutes ses pointes aiguës émoussées par la flamme. Malgré tout cela, je suis loin de pousser l'économie jusqu'à ce point, et je conseille d'employer chaque année un *embrucage* nouveau, afin d'éviter toute espèce de regrets, le cas échéant qu'il arrive un échec.

En admettant donc que cette bruyère soit rejetée comme impropre au service d'une seconde année, et qu'elle ne puisse pas être utilisée pour les besoins du ménage, on devra la mettre en fagots, et la vendre pour des usines, tuileries ou autres, ou bien aux boulangers, sans craindre qu'elle répande aucune mauvaise odeur dans le four.

Je saisis cette occasion pour recommander de

donner aux chevaux ou autres animaux domestiques, toutes les litières que l'on enlève de dessus
les tables. Les races chevaline, bovine et porcine,
en sont très-friandes. Il faut avoir soin de les faire
sécher au soleil en les éparpillant et les remuant
de temps en temps. Ensuite on les passe au crible
pour recueillir les crottins séparément. Cette dernière nourriture est destinée à l'engrais des co-
chons. On la mêle avec le marc d'olives, de raisins,
avec les pommes de terre, les betteraves, les choux
ou autres légumes, avec le son ou la repasse, en
faisant bouillir le tout ensemble. Quant aux feuilles
ou squelettes de feuilles, elles alimenteront les
bêtes de traits, les vaches et les brebis, et les main-
tiendront dans un état aussi satisfaisant qu'en les
nourrissant avec du foin. Les chevaux peuvent en
manger à discrétion, quoiqu'elles soient vertes;
il n'en est pas de même des races bovine et ovine:
il pourrait en résulter une indigestion et s'ensuivre une mort subite. Cependant je recommande
de donner à manger, avec prudence, ces litières
toutes fraîches autant qu'il se pourra, afin d'éviter les chances d'apprêt; car, comme il est nécessaire qu'elles se trouvent parfaitement sèches avant
que de les enfermer dans le grenier pour les bien
conserver, il arrive parfois qu'un orage imprévu
vient tout-à-coup fondre dessus et détruire non-

seulement le feuillage, mais encore les soins et
les dépenses que l'on avait faites jusqu'à ce jour.

Les personnes qui ne se trouveraient pas des
bestiaux à nourrir pourront, avec ces litières,
faire d'excellents fumiers, qui s'approprieront
volontiers au mûrier, ce végétal se plaisant à
absorber, au fur et à mesure de besoin et par émanation, les engrais qui lui sont nécessaires pour
former une belle tête et nourrir un feuillage luisant et soyeux.

Trente jours doivent suffire pour amener les
vers-à-soie de la naissance à la montée, savoir :

Premier âge, cinq jours à dix-neuf degrés
Réaumur ;

Deuxième âge, quatre jours à dix-huit degrés
Réaumur ;

Troisième âge, six jours à dix-sept degrés
Réaumur ;

Quatrième âge, sept jours à dix-sept degrés
Réaumur ;

Cinquième âge, huit jours à dix-sept degrés
Réaumur.

Il faut être d'une rigidité extraordinaire pour
la température ; éviter surtout les brusques transitions, qui nuisent essentiellement à la constitution de l'insecte, et lui causent souvent la mort.
Il ne s'agit pour cela que de vouloir ; car, avec

un thermomètre et des fourneaux-cheminées en
briques bien construits, rien n'est plus facile à
diriger. Ces mêmes fourneaux, destinés principalement à chauffer la magnanerie, servent aussi à
son assainissement et à l'abaissement de la température.

A cet effet, on doit ouvrir la portière, passer
dans le tuyau des cheminées de la bruyère en
paquet, et mettre le feu. De suite se fait entendre
un bruit très-violent, ressemblant à un coup de
tonnerre, et comme l'on a eu soin de laisser les soupiraux du plancher, en opposition aux fourneaux,
entièrement ouverts, l'air vicié est entraîné par la
colonne enflammée, et renouvelé, comme par en-
chantement, par un air frais et sain, que fournissent les réservoirs inférieurs. Quelques instants
suffisent pour terminer cette opération durant laquelle il faut avoir soin de renouveler les paquets
de bruyère pour alimenter la flamme. On prépare,
par prévoyance, ces petits paquets de bruyère,
afin qu'au moment voulu on soit prêt à agir.

Il faut encore faire de la flamme dans ces fourneaux, deux ou trois fois par jour, lorsque l'hygromètre annoncera l'approche de l'humidité ; l'on
se servira de copeaux, de la bruyère ou de tout
autre combustible léger, en ayant la précaution de
tenir les portières constamment ouvertes.

Cette clarté salubre vivifie l'atelier, elle ranime tous ces pauvres petits êtres qui l'habitent, et devient d'autant plus nécessaire que le temps est pluvieux ou humide.

Il faut le reconnaître, l'humidité à cet âge est la chose la plus fâcheuse et la plus désastreuse; c'est l'inconvénient le plus difficile à éviter, le fléau le plus terrible à combattre; car, à part les influences atmosphériques, elle se reproduit abondamment, soit par le liquide que jettent les vers en se vidant au moment où ils mûrissent, soit par les quantités considérables de feuilles qu'il faut sur les derniers temps pour les alimenter.

La magnanerie doit être toujours propre et bien aérée; elle doit être aussi bien ajournée, d'après l'avis de tous les auteurs qui ont traité cette question. La clarté, disent-ils, ne nuit jamais; loin de là elle purifie l'air, le vivifie, et il serait absurde, d'après eux, de vouloir soutenir le contraire. Ils conviennent, néanmoins, que les vers fuient avec empressement le voisinage des ouvertures ou des fenêtres, pour se refouler dans l'obscurité, mais que les motifs de ces déplacements ne doivent être attribués qu'à l'action violente des rayons solaires, ou à la froidure de la bise qui arrive par ces ouvertures, malgré toutes les précautions que l'on peut prendre; n'en déplaise à ces auteurs , je me permets d'émettre un avis contraire. Sur l'opinion généralement adoptée que la lumière était favorable à une magnanerie , et cet état de choses me paraissant , d'ailleurs , conforme à la nature de l'insecte qui vit sur un arbre , j'avoue que je donnais à mon atelier l'ajournement le plus large , le plus complet , et que mon éducation marchait constamment avec les ouvertures entièrement libres , quand la température le permettait. J'ai remarqué qu'en agissant ainsi , les tables exposées au grand jour n'étaient jamais si bien garnies , et que la bruyère qui se trouvait dans l'obscurité présentait les cocons plus nombreux. J'ai observé encore que ces cocons étaient bien plus foncés en couleur lorsqu'ils se trouvaient dans l'obscurité , et même plus consistants, et que ceux qui étaient placés au grand jour étaient excessivement pâles et moins bien confectionnés. Les observations que j'ai faites chez moi ont été les mêmes chez mes voisins , et je citerai pour preuve une petite chambrée qui ne recevait le jour que par deux ouvertures à verres dormants , placées une au nord, l'autre au midi. Elles projetaient avec une égale puissance la lumière sur les tables , et les chenilles ne sachant où se replier , pour être le moins exposées à la lumière , ou, pour mieux dire , pour être le moins tracassées, fuyaient les unes contre les

16

autres et s'arrêtaient sur le milieu de la table en-
tassées en masse, formant à peu près la raie de
charrue que l'on redouble l'une sur l'autre en
commençant à labourer une terre par le milieu.
L'inconvénient que je signale m'a été démontré
dans toutes les magnaneries que j'ai visitées ;
d'où j'ai conclu, que la lumière était préjudiciable
aux vers-à-soie, et que l'on devait les tenir dans
l'obscurité autant que possible, sans les priver,
pour cela, de la circulation d'un air sain et souvent renouvelé. C'est dans ce sens que je conseille
des rideaux en toile noire, que je vais définitivement adopter dans ma magnanerie.

C'est une erreur de supposer que le bruit et le
tonnerre sont préjudiciables au travail de l'insecte
tisserand ; comment pourrait-on admettre un semblable préjugé lorsqu'on sait que cet animal n'a
pas d'oreilles ? Il est vrai de dire que le temps
d'orage est nuisible à la marche de l'éducation,
et peut même occasionner un échec, mais cela
s'explique par l'effet de l'électricité. Voilà probablement ce qui peut avoir fait redouter le coup
de tonnerre.

Du reste, à ce sujet, je puis citer un exemple
frappant : Voulant me convaincre si réellement le
bruit était nuisible à l'éducation, je plaçai quelques vers sous l'enclume d'un forgeron, mon voi-

sin, au moment de leur ascension ; ils fabriquèrent parfaitement leurs cocons sous ce dôme retentissant, sans éprouver la moindre sensation, soit des coups redoublés que mon Vulcain lançait sur son enclume, soit des rayons de flamme qui s'échappaient du fer rouge pétri sous le marteau et qui scintillaient autour de nos intéressants compagnons.

Après la récolte, on peut faire disparaître tout l'échafaudage de l'atelier, en ayant soin de numéroter préalablement toutes les pièces de bois qui le composent ; ce qui se trouve fait dans un clin d'œil en se servant de pitons à vis.

Pour mon compte, je conserve en place les piquets ou poteaux, attendu qu'ils ne nuisent en rien, et n'offrent aucun empêchement. Je transforme alors mon local en vastes greniers à fourrages, ce qui se comporte parfaitement bien, les cocons disparaissant au moment même où nous arrivent les foins et les provisions de ce genre. Je ne saurais trop recommander de donner à ce bâtiment cette double destination ; car, à part toute l'utilité qu'on en retire, cette transformation contribue beaucoup à l'assainissement de la magnanerie, que l'on retrouve à peu près comme neuve d'une année à l'autre.

Je n'entre pas dans d'autres détails, j'ai fini.

A quoi bon répéter ce que tant d'autres ont déjà écrit ? Qu'il me suffise de dire qu'en suivant point pour point l'ouvrage que je termine en ce moment, l'éducateur, surpris de sa réussite étonnante, sera content et, dans son enthousiasme, il ne pourra s'empêcher de s'écrier avec moi :

Plus de tribut à l'étranger ! ! !

FIN.

MÉTHODE POUR FAIRE LA GRAINE DE VERS-A-SOIE.

(Si ma souscription avait eu lieu , selon le prospectus que je place en tête de la seconde partie de cet ouvrage , et que j'eusse pu faire connaître mon procédé d'épuration , ce chapitre se trouverait placé immédiatement après la description de la magnanerie, comme je l'avais annoncé dans la préface ; mais attendu que je ne puis encore mettre à jour mon secret, je me borne pour le moment à citer l'avant-propos du sujet, espérant qu'un jour je pourrai le faire connaître , et ce jour me causera autant de bonheur que j'éprouve aujourd'hui du regret à me taire.)

AVANT-PROPOS.

De même que la bonne semence donne l'espoir d'une bonne récolte, de même, dans l'éducation des vers-à-soie, c'est sur la bonne graine que repose la réussite d'une chambrée.

Il est donc essentiel de se procurer avant tout

cette graine de bonne qualité, et ce qui vaut mieux encore de la faire soi-même pour ne pas risquer d'être trompé.

A cet effet il faut :

1° ....

2° ....

3° ....

4° ....

5° ....

6° ....

7° ....

8° ....

9° Placer enfin cette graine à l'abri de tout accident, de toute détérioration, depuis la toile jusqu'à l'incubation. Voilà rigoureusement ce qu'il faut, pour obtenir une graine bien épurée, une graine parfaite. Résoudre par conséquent toutes ces questions, c'est la tâche que je me suis imposée, le devoir que j'ai à remplir.

Pour remplir ce vide et pour le justifier, je mets sous les yeux de mes lecteurs mon rapport adressé à M. le Préfet, soumis au Conseil-général du Gard dans la session de 1851, avec la décision de cette assemblée.

GRAINES DE VERS-A-SOIE.

RAPPORT

Adressé par M. GOURDON, DE NAGES, à M. le Préfet du Gard, et soumis au Conseil-général avec le Compte-rendu de la séance de cette Assemblée qui en adopte les conclusions.

Nages, le 1ᵉʳ août 1851.

A Monsieur le Préfet du Gard, à Nimes.

MONSIEUR LE PRÉFET,

Confiant en votre sollicitude pour tout ce qui touche aux améliorations en général, et aux intérêts du département du Gard en particulier, je viens réclamer auprès de vous, Monsieur le Préfet, non pas une faveur, mais un acte d'obligeance et d'équité, persuadé de trouver, dans cette circonstance comme toujours, bon accueil, bienveillance et encouragement. Voici ce dont il s'agit :

Par suite d'un procédé mécanique, dont j'ai eu occasion de vous entretenir dans le temps, je suis parvenu à épurer les graines de vers-à-soie au plus haut degré de perfection. Ma machine est si simple que chacun peut, dès l'abord, la faire fonctionner avec un égal succès, ce qui rehausse singulièrement le mérite de mon invention.

Jusqu'à ce jour on ne connaissait que le lavage des graines, pour les dégager des parties étrangères ou infécondes qui s'y trouvaient mêlées. A cet effet, on les plongeait dans un liquide ; tout ce qui surnageait était rigoureusement rejeté, et, par contre, l'on conservait tout ce qui se précipitait au fond. Cette opération, comme on peut le voir, était de bien peu d'importance ; car, éliminant des corps sans germes ni principe vital, sans vice ni vertu, on ne pouvait produire ni bien ni mal sur les quantités conservées ; seulement on se rendait un compte plus exact du poids de ces graines et, par suite, de leur valeur ; mais voilà tout.

Ce n'était pas là la question : il s'agissait, selon moi, de trouver le moyen d'éliminer les œufs mal fécondés ; ceux qui donnent de mauvais vers, des vers chétifs, condamnés à périr en route après avoir dévoré plus ou moins de feuilles, selon qu'ils avancent plus ou moins dans la vie, sans jamais monter sur la bruyère pour filer leur tissu. Voilà, Monsieur le Préfet, le problème que je m'étais posé, le problème que j'ai résolu.

En détruisant les œufs qui produisent les mauvais sujets, j'économise d'abord la feuille qu'ils auraient mangée en pure perte ; j'évite la contagion et la mort qu'ils jettent dans la chambrée, et, par suite, la larve se trouvant plus égale, plus saine, plus robuste, elle résiste avec plus de succès aux intempéries des saisons, aux variations de l'atmosphère, aux cruelles maladies enfin qui viennent l'assaillir si souvent. La race elle-même, reproduite d'année en année par des sujets mieux constitués, se régénère, se relève, se fortifie de plus en plus. Toutes ces conséquences sont d'une évidence si claire, que chacun peut les apprécier et s'en rendre compte, sans être versé le moins du monde dans l'art d'élever les vers-à-soie. Je fais ici ce que faisaient les Spartiates pour conserver la vigueur et la pureté de leur race, ce que font nos conseils de révision pour former ces beaux régiments, l'orgueil de la France et l'admiration du monde civilisé.

Convaincu de l'efficacité de mon procédé, douloureusement affecté des pertes énormes qu'éprouve annuellement la récolte sérigène, ami

sincère de mon pays, j'avais ouvert une souscription pour faire tomber ma découverte dans le domaine public, et, moyennant vingt-cinq francs,
je livrais mon secret avec la condition expresse
que cette somme ne serait versée qu'à la remise
de mon ouvrage, revêtu de la sanction et de l'approbation de la *Société d'Agriculture du Gard*,
du Comice agricole d'Alais et de M. le *Ministre
de l'Agriculture*. Avec de telle garanties pouvait-
on douter ?... pouvait-on s'abstenir ?...

Eh bien! Monsieur le Préfet, malgré cette sécurité, malgré la modicité du prix de souscription,
eu égard aux avantages qu'elle promettait (il ne
s'agit de rien moins, que de doubler les produits
sérigènes), les résultats de cette entreprise n'ont
pas répondu à mon attente; le chiffre des souscrip-
teurs n'a pas été tel que j'avais lieu de l'espérer;
en un mot, ma proposition a été généralement ac-
cueillie avec indifférence.

Il est vrai de dire que je n'ai pas poussé la chose
avec toute la vigueur nécessaire, attendu que mon
commerce de graines me donnait des avantages
bien plus considérables, et me promettait un avenir bien plus beau. Oui, Monsieur le Préfet, au
point où j'en suis arrivé, mon industrie doit me
produire dix fois plus que ma souscription en pleine
réussite, et je ne crains pas de le dire, à part un

certain contentement, une certaine gloriole qu'é-
prouve naturellement un pauvre mortel révolu-
tionnant un art qui compte près de cinq mille ans
d'existence, à part cette gloire, dis-je, mon œuvre
est toute patriotique, toute philanthropique.

J'ai pensé que mon insuccès devait être principalement attribué à ce que je n'ai pas présenté
cette souscription sous les auspices de hautes re-
commandations ; il aurait fallu pouvoir citer à
l'appui des expériences officielles, faites par des
sociétés spéciales ou savantes ; car, il faut le reconnaître, il n'est pas toujours facile à la vérité de
se faire jour ; et ce n'est que par le secours des lu-
mières que l'on parvient à dissiper les ténèbres.

Pénétré de cette vérité, voulant appuyer mes
assertions sur des faits, j'ai accepté plusieurs pro-
positions qui m'étaient faites de divers points du
département pour épurer des graines, et je suis
heureux de pouvoir ajouter que, partout, ces essais ont été couronnés d'un plein succès. L'on
pourra en juger par les exemples suivants, qui me
sont fournis par trois personnes des plus recommandables sous tous les rapports.

Aux environs de Nimes, *à Langlade*, chez
MM. Etienne Boissier, Gaston Caucanas et
Pleindoux aîné, ont eu lieu trois expériences bien
distinctes :

L'une avait pour but *l'épuration de la graine d'autrui ;*

La seconde, *le rendement de la graine sortie de mes ateliers ;*

La troisième, *la supériorité de cette graine comparativement aux autres provenances.*

M. Boissier m'a présenté cent grammes de graine à épurer. Cette graine avait été confectionnée par Mme Boissier née Brun, de Fons, qui a vécu dans cette industrie. J'ai trouvé soixante-huit grammes de mauvaise qualité, et seulement trente-deux grammes de bonne. La totalité de la graine séparée en deux catégories a été religieusement rendue à son propriétaire, et mise à l'incubation à côté l'une de l'autre. Les chenilles ont reçu les mêmes soins, dans le même local, avec la même qualité de feuilles, et voici ce qui est arrivé :

Les soixante-huit grammes ont donné, à la naissance, une quantité de vers beaucoup plus considérable que les trente-deux grammes ; mais la larve, toujours inégale, s'est continuellement amoindrie au sortir de chaque maladie, et a fini par ne présenter que quelques mauvais vers à la bruyère. Les trente-deux grammes au contraire ont constamment offert des chenilles égales et vigoureuses, avec un développement admirable. En résumé, ceux-ci ont produit cent vingt-cinq livres de beaux et bons cocons, ceux-là n'en ont donné que quinze livres de mauvaise qualité.

M. Gaston Caucanas, qui n'avait jamais élevé des vers, désirant se livrer à cette industrie, me pria de lui envoyer une demi-once de graine seulement pour faire son début et ses premières études. Dès qu'il eut reçu mon envoi, il fit dresser dans son salon un petit échafaudage à roulettes, qu'il faisait voyager dans l'endroit de la pièce le plus convenable selon les circonstances. C'est là-dessus que se fit l'éducation jusqu'au sortir de la dernière mue, et à cette époque les vers furent transportés dans une autre pièce. Rien ne fut négligé pour arriver à une bonne fin. Il s'entoura des conseils de ses parents, éducateurs habiles et expérimentés; il mit sous ses yeux les auteurs les plus recommandables en cette matière, et, après avoir placé les instruments et ustensiles nécessaires dans son élégant atelier, il y fit arriver ses jeunes élèves, que son oncle lui avait fait éclore à Saint-Césaire. Le voilà donc à l'œuvre; beaucoup de zèle, beaucoup de craintes, tâtonnant toujours, il craignait de trébucher à chaque instant. Sans entrer dans les détails de cette éducation fort curieuse, en voici le résultat :

Je lui avais remis demi-once de graine, treize grammes, poids constaté. Il m'a livré quarante-trois kilogrammes, cent quatre livres de beaux cocons, que je lui ai achetés pour la reproduction, à raison de 4 francs le kilogramme.

Arrivons à M. Pleindoux.

Tout le monde connaît *M. Pleindoux;* il n'est pas de hameau, dans le département, où cette célébrité médicale n'ait pénétré. Mais ce que tout le monde ne sait pas, c'est que M. Pleindoux s'occupe sérieusement d'agriculture, et spécialement de la culture du mûrier; ce que tout le monde ne sait pas, c'est qu'il ait métamorphosé un vaste coteau inculte et aride en une forêt de mûriers, au feuillage luisant et soyeux, prouvant par là de plus fort que c'est le fonds qui manque le moins; ce que tout le monde ne sait pas, c'est que cet esprit progressif se livre continuellement à des essais, à des expériences agronomiques, se montrant ainsi digne des talents et de la fortune dont il a été favorisé.

Dans ces dispositions, M. Pleindoux, désireux de se rendre compte de l'importance de la qualité de la graine dans l'éducation des vers-à-soie, a voulu constater la différence de rendement de diverses graines, en donnant à l'éducation générale les mêmes soins, la même feuille, le même local. A cet effet, il s'est approvisionné partiellement chez cinq à six producteurs de graines ; trente-quatre onces ont formé le contingent voulu , et quatre onces ma quote-part.

La direction de la magnanerie a été confiée à un jeune couple cevenol. La femme, intelligente et active, en avait la haute main. Elle joignait à beaucoup de zèle un grand amour-propre, ce qui ne gâte pas ; mais, malheureusement, elle portait inhérent avec elle le vice routinier de ses montagnes ; elle péchait par son système d'éclosion , par le manque d'espace donné à la larve, la rareté des repas et des délitements, l'exiguité de la nourriture , enfin. Cependant , comme l'éducation en général a été conduite de la même manière , je n'ai pas lieu de me plaindre.

A l'éclosion , les classements furent rigoureusement observés ; les chenilles de chaque provenance strictement séparées ; et, avec les mêmes soins, la même feuille, la chambrée présenta les résultats suivants :

Quatre onces, Gourdon : cinq cents livres de beaux cocons ;

Trente onces de divers : douze cents livres , qualité inférieure.

Ces trois citations parlent assez haut, Monsieur le Préfet, pour me dispenser de tout commentaire.

Enorgueilli d'un pareil succès sur le même point,

je me présente à M. le Président de la Société d'Agriculture du Gard, au moment où les cocons étaient sur la bruyère et faisaient présager ces heureux résultats ; je le prie, après lui avoir fait la narration de ce qui se passait, de vouloir bien venir se convaincre par lui-même. Il me répondit qu'il ne le pouvait pas dans ce moment-là ; que, d'ailleurs, la Société d'agriculture, n'ayant pas fourni les graines, ni surveillé la marche de l'éducation, n'avait rien à voir dans ces expériences, et ne pouvait rien conclure, ni constater. C'est alors que, lui proposant une expérience officielle, je le priai de me faire donner une certaine quantité de graines, pour être livrées après épuration à divers éducateurs, probes et expérimentés ; sur quoi l'on jugerait. Sa réponse ne fut pas pour moi plus heureuse que la première. Il me dit qu'il regrettait beaucoup de ne pouvoir accepter ma proposition ; mais qu'il s'y voyait forcé, attendu que la Société n'avait pas de locaux spéciaux.

Dans cette position, Monsieur le Préfet, plein de sentiments patriotiques, poussé peut-être aussi par l'honneur, par la gloire de l'invention, je m'adresse au premier magistrat du département pour lui faire la même proposition. Je viens vous prier, Monsieur le Préfet, de vouloir bien organiser une commission séricicole, chargée de me livrer en temps opportun de cinquante à cent onces de graines, pour être passées à ma machine. Au sortir de mes mains, ces graines, classées en deux catégories, *bonnes et mauvaises*, seront confiées à des éducateurs capables et impartiaux, et *les résultats, quels qu'ils soient, seront officiellement constatés et proclamés par la voie de la presse.*

Voilà ce que je sollicite, Monsieur le Préfet, et j'ai tout lieu de croire que ma prière sera favorablement écoutée, c'est là mon espoir; car, je vous le répète, il est bien pénible pour la vérité convaincue de ne pouvoir se faire jour, même lorsqu'elle agit dans l'intérêt des masses.

J'ai fini, Monsieur le Préfet, excusez ma longueur.

En vue de tout ce qu'on pourra débiter contre moi, je réponds avec notre bon fabuliste: *à l'œuvre on connaît l'artisan.*

En vue de la misère qui désole nos campagnes, et des richesses immenses qui se perdent annuellement dans les produits sérigènes, je réponds avec le célèbre poète lyrique latin, *inops inter opes....* A l'œuvre donc!

Recevez, Monsieur le Préfet, mes salutations très-respectueuses, et croyez-moi homme d'honneur et de dévoûment.

Alphonse GOURDON.

17

Extrait du procès-verbal des opérations du Conseil général du Gard.

Session de 1851.

<small>SÉANCE DU 6 SEPTEMBRE 1851, A UNE HEURE DU SOIR.</small>

M. PELET de la Lozère rappelle que, dans une précédente séance, le Conseil a renvoyé à l'examen de la commission des objets divers un rapport de M. Gourdon, de Nages, sur un système d'épuration des œufs de vers-à-soie. Cet examen a eu lieu, et la commission conclut à ce que le rapport dont il s'agit, soit déposé sur le bureau, afin que chaque membre du Conseil puisse particulièrement en prendre connaissance.

M. DE BUROS (de Bagnols) estime que cette question est trop importante pour que l'on doive se borner au dépôt qui vient d'être indiqué; il propose de nommer une commission spéciale qui serait chargée d'apprécier le système dont il s'agit et dont il déclare avoir vu lui-même les résultats les plus satisfaisants.

La proposition de la commission et la demande de M. de Buros paraissent à M. Causse (d'Aigues-

vives) pouvoir être facilement conciliées; il suffirait, en ordonnant le dépôt, d'inviter M. le Préfet
à nommer une commission administrative chargée de faire, à temps utile, toutes les études nécessaires.

Pour répondre aux diverses observations pré-
sentées dans la discussion, le Conseil :

Ordonne le dépôt et invite M. le Préfet à nommer une commission qui, suivant le vœu de M. de
Tarteron (de Sumène), cherchera à apprécier les
résultats pratiques auxquels on peut arriver par
l'application de ce procédé.

C'est d'après une opération mécanique que
M. Gourdon parvient à faire le triage des bons et
mauvais œufs.

Pour extrait conforme :
Le Conseiller de Préfecture, Secrétaire-général,
ROUSSELLIER.

*Décision de la même Assemblée, dans la
session de 1850.*

SÉANCE DU 5 SEPTEMBRE. — (PROCÈS-VERBAL, PAGE 149.)

M. TEULON, au nom de la commission des objets
divers, donne communication au Conseil d'une

lettre de M. Gourdon, auteur d'un nouveau système d'épuration des œufs de vers-à-soie, qui, en
empêchant la dégénérescence des races, doit avoir
les plus grandes conséquences sur l'éducation de
cette précieuse chenille.

Le Conseil, sur les conclusions du rapporteur,
voulant donner à M. Gourdon un témoignage de
l'intérêt que lui inspirent ses travaux dans l'art
séricicole, souscrit pour quatre exemplaires à
son ouvrage sur l'*Epuration des œufs de vers-
à-soie*, un exemplaire pour chaque arrondisse-
ment.

Le même rapporteur fait connaître que, généralement, tous les pays séricicoles du département,
et la commune de Valleraugue en particulier, se
sont profondément émus du dommage qu'une nouvelle cause morbide inconnue fait éprouver depuis
quelques années à l'éducation des vers-à-soie et du
danger qui menace l'avenir de cette industrie,
puisque cette cause viciant les œufs atteint la production dans sa source.

Pour combattre ce mal et obvier à ses ravages,
la commune de Valleraugue adresse une délibé-
ration, sous la date du 21 juillet 1850, dont les
conclusions ont été prises en considération par la
commission, qui propose que les agents français
en Perse, dans l'Inde et principalement en Chine,

reçoivent mission expresse et pressante d'expédier diverses qualités de graines de vers-à-soie avec les renseignements propres à diriger l'éducation des chenilles.

Le Conseil adopte ces conclusions, tout en reconnaissant que l'on ferait infiniment mieux de recourir à la méthode de M. Gourdon, que d'aller chercher en Chine ou ailleurs des œufs qu'une expérience récente a démontré ne donner que des individus rachitiques et imparfaits, d'autant plus qu'il est démontré que, par la graine de M. Gourdon, on a obtenu des résultats prodigieux durant ces mêmes années dont on se plaint si fort.

Le gouvernement, faisant droit à ces vœux, a fait distribuer cette année dans le département du Gard, par l'intermédiaire de la Chambre de Commerce de Lyon, une quantité de graines de provenance chinoise, qui n'ont donné partout que des produits analogues aux précédents essais, c'est-à-dire que quelques misérables kilogrammes de cocons.

TABLE DES MATIÈRES.

SECONDE PARTIE.

FIN DE LA TABLE.

ERRATA.

A la Pl. 2, F. 1, mettez B à la place de C , et C à la place de B.

A la Pl. 3, filets longs, nº 3, la table doit être pleine de filets et n'avoir aucun vide.

F. 1. **Magnanerie**
Levant.

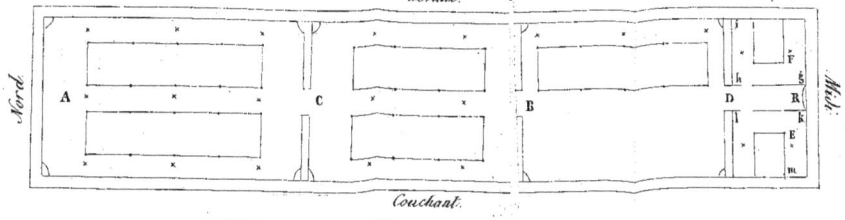

Nord

A　　　C　　　B　　D

$\begin{matrix} F \\ R \\ k \\ E \\ m \end{matrix}$

Midi

Couchant.

mobilier　de　l'élève

Thermomètre　　*Hygromètre*

Tronçon de poutre

F. 2.

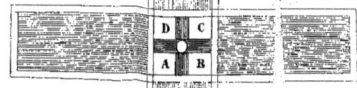

D	C
A	B

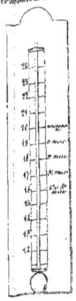

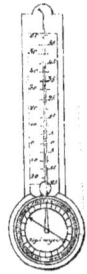

Canevas.　　　　*Fils de papier N.º 1.*

Lith. E. Davardier, Nimes.

F. 3 — Disposition des toiles.

F. 4 — Disposition des ... dans la ...

F. 5 — Disposition des ... dans la pièce F.

F. 7 — Disposition des filets au centre de la 1ère une.

No. 1 — Disposition des filets au centre de la 1ère une.

No. 2 — Disposition des filets au centre de la seconde une.

No. 3 — Disposition des filets longs au centre de la 3ème une dans la pièce A.

F. 6 — Disposition des ... ... filets au centre de la 4ème une dans les pièces A, B, C.

Également aux places par les filets longs. No. 3.

F. 9 — Filet au centre pour placer la bruyère.

F. 11 — Parachute.

www.ingramcontent.com/pod-product-compliance
Lightning Source LLC
Chambersburg PA
CBHW070259200326
41518CB00010B/1835